a. 低真空 SEM 像

加速電圧：15 kV

b. 合成（SEM & 光学顕微鏡）像

0.5 mm

Ⅰ. 色のある世界と色のない世界の橋渡し

　SEM は高い分解能と深い焦点深度によって試料の微細な構造の拡大や元素分析が可能です。しかし、光でみる日常世界と異なり色のない世界です。図 a はフラサバソウの低真空 SEM 像（本文 4.7.1 項）、同 c は同じ個体の光学顕微鏡像です。a では微細な構造観察が可能ですが c にみられるような色との関連がわかりません。そこで b では両方の画像の特徴を生かすために合成を行いました。SEM 観察の前に光学顕微鏡で観察しておくことが重要であることがわかります。

試料：フラサバソウ　　　　　**装置：JCM-7000**

c. 光学顕微鏡像

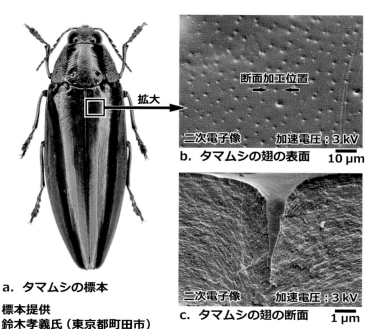

a. タマムシの標本

拡大

断面加工位置

二次電子像　　　加速電圧：3 kV

b. タマムシの翅の表面　　10 μm

二次電子像　　　加速電圧：3 kV

c. タマムシの翅の断面　　1 μm

Ⅱ. 構造色のひみつ（タマムシの翅）

　構造色と呼ばれている虹色の干渉色を示す生物や材料は多く存在します。タマムシの翅はその典型的な例です。しかし、このタマムシの翅を表面から SEM で拡大観察しても構造色の原因となるものはみられません。そこで、この翅を本文 4.8.1 項に示す方法で図 b 中の → ← で示す部分の断面を作製して SEM 観察しました。その結果、およそ 100 nm 程度の多層構造になっていることがわかりました。これが構造色の原因と考えられます。

標本提供
鈴木孝義氏（東京都町田市）

試料、データ提供
東京電機大学教授 森田晋也先生

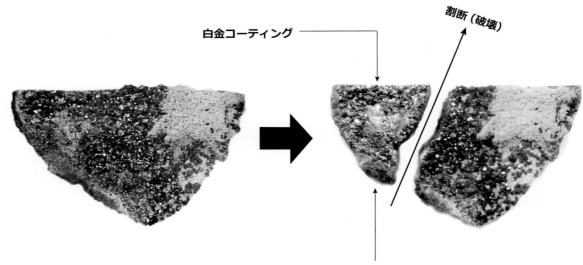

白金コーティング

割断（破壊）

試料：灰クロム柘榴石

こんなことはしたくない!!（涙）

Ⅲ．コーティングを避けたい試料の観察法

　緑色の結晶がきれいな灰クロム柘榴石の光学顕微鏡像です。通常このような絶縁物を SEM 観察する場合は右のように割った一部を白金などで導電性コーティングしますが、当然、試料本来のきれいな色は失われてしまいます（本文 図 4-32）。

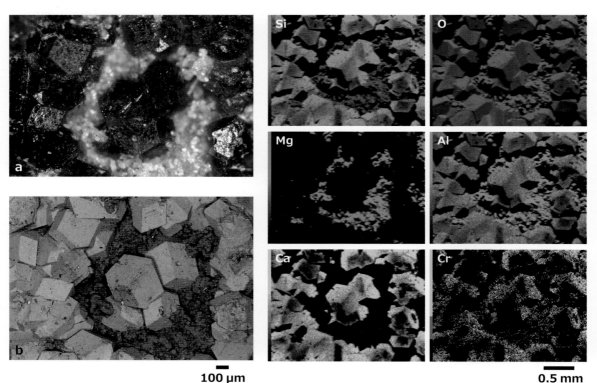

100 μm

0.5 mm

Ⅳ．光学顕微鏡と SEM 像を対比させることの重要性（導電性コーティングなしで観察）

　口絵Ⅲで示した試料の部分拡大した光学顕微鏡像（a）と SEM 像（b）の比較です。b は導電性コーティングせずに加速電圧 5 kV の反射電子組成像で観察しています。二次電子ではチャージアップしてしまいますが、反射電子検出器はエネルギーの低いチャージアップのコントラストを検出することができないため、絶縁物でも観察可能となります。元素分析は加速電圧 10 kV で行っています（本文 図 4-33）。

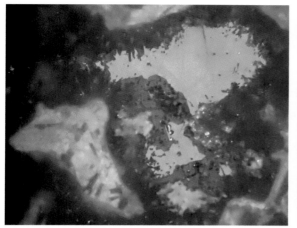

a. 光学顕微鏡像

試料：銅鉱

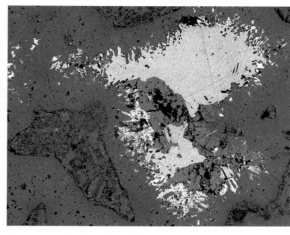

b. SEM（反射電子組成）像

加速電圧：15 kV

100 μm

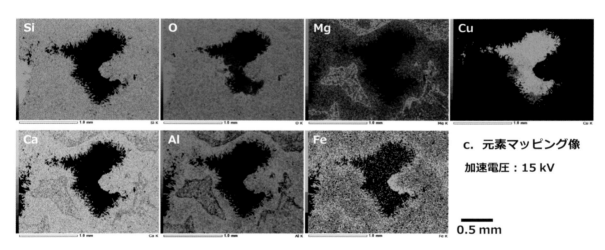

c. 元素マッピング像

加速電圧：15 kV

0.5 mm

Ⅴ．鉱物の光学顕微鏡、SEM 像および元素マッピング

　　上図は、d に示すような綺麗な緑色の帯が特徴的な銅を含む鉱物（銅鉱）の光学顕微鏡像（図 a）と SEM 像（図 b）です。a の光学顕微鏡像では明瞭に緑の帯が確認できますが、SEM や元素マッピング（図 c）では緑の帯に一致する部分が明確にはわかりません。このように、鉱物や宝石などの分析は色の情報も大事です。光学顕微鏡像と SEM 像の対比観察が重要になる所以です。

d. 銅鉱

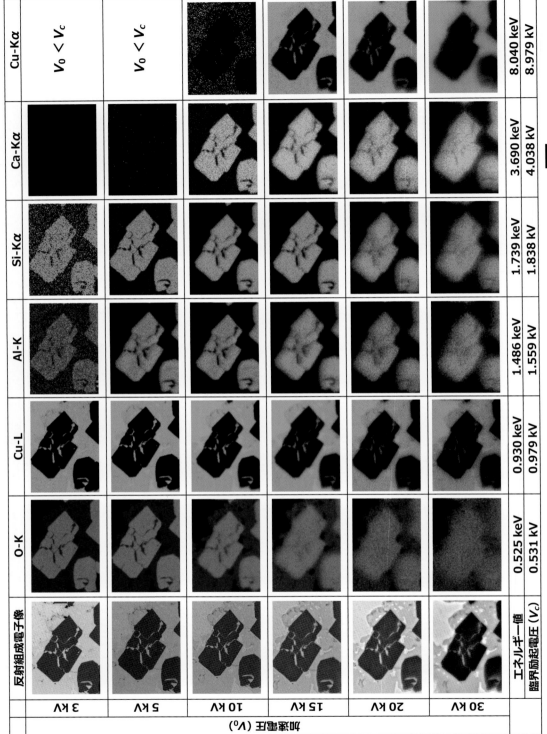

VI. 加速電圧と反射電子像および元素マッピング像の変化（本文 図3-18）

加速電圧の変化が SEM 像および元素マッピングに与える影響を検証しました（V_0：加速電圧、V_c：臨界励起電圧）。試料は口絵Vで示した銅鉱です。詳細は本文 3.3 節をご参照ください。

実践 SEMセミナー

－走査電子顕微鏡を使いこなす－

鈴木俊明・本橋光也　共著

裳 華 房

Practical SEM Seminar

Mastering the Scanning Electron Microscope

by

Toshiaki SUZUKI
Mitsuya MOTOHASHI

SHOKABO

TOKYO

は じ め に

　読者のみなさま、本書をお手にとってくださりありがとうございます。著者を代表して心より御礼申し上げます。私は40年弱の間、電子顕微鏡メーカーで走査電子顕微鏡、すなわちSEMと呼ばれる装置での観察法や、各種電子顕微鏡の観察で必要となる試料作製法などのアプリケーション全般に関する仕事に携わってきました。また、その中で多岐にわたる貴重な経験をして参りました。その間に多くの仲間やSEMを含む電子顕微鏡ユーザーとの交流の機会にも恵まれました。共著者である東京電機大学の本橋教授もその中の一人です。現在ではそのご縁もあり、大学で多くの学生にSEMを教える機会をいただいております。これらを通じて得た経験は非常に多彩で、興味深い内容がたくさんあります。もちろん目を覆いたくなるような失敗談も多々あり、これらの経験をどこかでまとめて後進に伝え残したいという気持ちを数年前より漠然と持っていました。さらに、著者二人の所属する日本材料科学会では、毎年メーカーのご協力のもと、走査電子顕微鏡の基礎講座を開催しています。この講座は、メーカーのデモ機をお借りしてメーカー側の担当者とともに1日かけてSEMの操作実習を行うイベントで、毎回多くのSEMユーザーの方々がご参加くださっています。参加されたSEMユーザーの方からは「日頃感じている疑問を聞けるチャンスが少ないので、このような講座はとてもありがたい！」という多くの感想をいただいています。そのような中、裳華房の内山さんより今回の執筆のお話があり、渡りに船と乗せていただいた次第です。

　走査電子顕微鏡（SEM: scanning electron microscope）は、各種電子顕微鏡（TEM, SEM, EPMA, AES等）の中で、いちばん普及しているタイプの電子顕微鏡です。そして原理的には虫眼鏡や光学顕微鏡と同様に、細かい構造を立体的にみるために使われる拡大ツールです。SEMにより拡大撮影された写真は、小中学生向けの図鑑や啓蒙書の表紙などに使用されることもあります。動植物などの迫力のあるSEM写真を目にしたことがある方も多いのではないでしょうか。他にも、小惑星探査機が持ち帰った砂粒のSEM像がテレビや新聞などで紹介されたこともありました。このように、実際にはSEMを使ったことがないであろう専門外の人々も鮮やかなSEM像を目にする機会は多く、これがSEMがなんとなく知られている理由であり、魅力の一つと言えるでしょう。次ページの図iに、アリ、（人によっては憎き）スギ花粉、シャンプーのコマーシャルなどで見る髪の毛（これは著者のものでかなり傷んでいます）、小さな野草（フラサバソウ）の花の部分のSEM観察像を紹介します。

　SEMは販売しているメーカーも多く、「手軽で誰にでも比較的簡単に使える」というキャッチフレーズで拡販され、各種の研究機関、企業、大学、工業高校などで多くの方に使われています。一方で、このキャッチフレーズのせいもあってか、一通りの操作手順を覚えると、ほとんどの人が観察条件を気にせず、観察対象や目的が異なっていても同じ条件で使い続けているのが実情です。しかし、実際には様々な条件を細かく設定できるようになっており、これらの

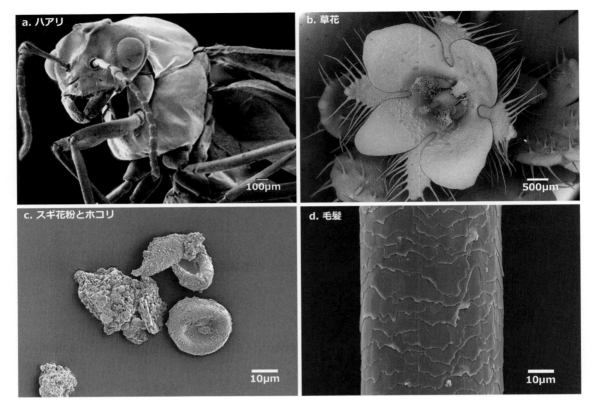

図 i　身近な話題となる SEM 像

　条件（特に加速電圧）の違いで、試料によっては、同じ場所をみているにもかかわらず、みえ方が全く変わってしまうことがあります。戸惑った経験をお持ちの方もいるかと思いますが、実はこのことに感動してほしいというのが著者の本音です。これは本書を読み進めていくうちに徐々にご理解いただけると思います。また、観察対象となる試料の作製においても、光学顕微鏡と同様の感覚で扱ってしまうと、どんなに性能の高い SEM を使ってもあまり良い結果が得られず、首をかしげることになってしまいます。言い換えれば、開発者の意図が十分にユーザーに伝わっていないことの現れかと思います。

　このような背景から、SEM の有効性をユーザー目線で解説する教科書が必要と常々感じていました。これまでにも SEM の教科書は数多く出版されていますが、SEM の概要と基礎理論から各種の最先端の応用分野までを網羅的に紹介しているケースが多く、SEM の応用を知る上ではよい情報源になっていると思いますが、実際の現場ユーザーの目線かというと「？」と感じることもありました。そんな物足りなさを埋めるべく、SEM を使い始めた初級技術者をはじめ、独り立ちした中級技術者、また、初級者に教える立場の方をターゲットに、本書の執筆を行いました。

　SEM は、細かい条件設定を使いこなせば、試料の色々な情報を引き出すことができる「奥の深い装置」です。本書では、上記のような人たちをターゲットに、現場目線で解説することに努めました。最終的には、SEM そのものの「奥の深さ」に気付き、お仕事に一層役立てていただくのが目的となります。多少ノウハウに基づく内容があり、理屈で説明し難い部分もあるのですが、あくまでも著者の経験を基に現場目線で解説することに努めた結果ですので、ご理解いただければ幸いです。特に 1 章では、SEM の「あるある」として失敗事例をあえて載せています。また、数式も少し出てきますが、その際はできる限り裏付けとなる実際のデータを示し、実用的な説明になるように心がけました。

　一般に、SEM はメーカーや機種によって特性が異なり、同じ試料を同じ条件で観察しても違ったみえ方をすることがあります。本書を読んでなるほどと思った事柄があれば、必ず読者が使っている装置で確かめることをお勧めします。本書を参考に自分の装置で、色々な試料で、色々な条件で、悩み、楽しみ、プチ感動しながら実践してみてください。

鈴木　俊明

目　　次

※ 5 章　もっと SEM を使いこなすために　139 ◆

1章

SEMってどんな装置？

※ 1.1　SEMとは？ ─────────────────────◆

　　走査電子顕微鏡（SEM: scanning electron microscope）は電子顕微鏡の一種であり、各種電子顕微鏡（TEM，SEM，EPMA，AES等）の中で、いちばん普及しているタイプの顕微鏡です。試料表面を手軽に観察することができ、そこでみえる画像は実体顕微鏡と同様に、試料の立体的な構造をみることが可能です。SEM像の分解能や焦点深度は実体顕微鏡をはるかに超えており、微細な構造の観察に適しています。最高倍率は装置の基本性能によりますが、5万倍～50万倍程度と非常に高い倍率で観察することができます。

　また、肉眼やデジタルカメラのマクロ像、実体顕微鏡を含む光学顕微鏡などの光学像と形状的に対応していることも、SEMが親しまれている一因と言えるでしょう。**図1-1** に、SEMと光学顕微鏡の特徴を比較したものを示しました。試料は南の島のお土産で買ってきた「太陽の砂」（p.61のコラム3参照）です。両者は共通点がある反面、違う部分も多いことがわかりま

	光学顕微鏡像	SEM（反射電子）像
試料：太陽の砂		200 μm
特徴	・メリット 　色をはじめとする光に関する情報が豊富 　大気中での観察が可能 ・デメリット 　一般的に焦点深度が浅い 　一般的に最高倍率は1000倍程度 （デジタル化された最新の顕微鏡はかなり進化している）	・メリット 　最高倍率は10万倍以上可能 　焦点深度が深い 　微小領域の元素分析が可能 ・デメリット 　色情報が失われる 　真空が必要

図1-1　光学顕微鏡像とSEM像の比較

す。例えば、光学顕微鏡像には色の情報があるのに対して、SEM像はモノクロになります。一方で、SEMでは元素分析が可能です。測定環境も、大気中での観察（光学顕微鏡）か、真空中での観察（SEM）かの違いがあり、それぞれ互いにない特徴を持っています。大多数のユーザーがそれほど気にとめないことですが、この両者の共通性および異なる部分を理解することにより、試料の深い知見を得ることができます。

　本書ではSEMの性能を示すために何かと光学顕微鏡を引き合いに出していますが、どちらが優れているかを示すのが目的ではありません。材料解析にはSEMだけではなく光学顕微鏡の情報も不可欠です。この二つの顕微鏡はお互いにおぎない合うもので、両方の情報を使い分けることが重要になります。光学顕微鏡の技術も著しい進歩（例えば深度合成や3D再構築画像の生成）を遂げています。是非、最新技術の情報を調べてください！　とここで付け加えておきます。

※ 1.2　SEM「あるある」劇場　　　　　　　　　　　　　　　　　　　　　　◆

　本編に入る前に、SEMを使用する際に起こりがちな「あるある」を物語風に紹介しながら、SEMが「手軽で誰にでも使える」と言われるがゆえに生じる問題を提起したいと思います。これらは、著者や周辺の人たちの経験談（失敗談が多い）がもとになっています。話の内容に多少無理がありますが、その辺はご容赦ください。なお、これからSEMを使い始める入門レベルのユーザーにとってはピンとこない内容かもしれません。その場合は、とりあえず次の章へ進んでいただいても構いません。ある程度SEMを使って色々な体験をした後で改めて熟読してください。そのほうが、「なるほど、あるある」とうなずいていただけると思います。

　それでは、SEM「あるある」劇場の始まりです。舞台はある企業の研究所の解析センターです。この企業は表面処理材料の製造販売や新素材の開発などを行っています。キャストは、解析センターSEMチームのリーダーであるAさん、最近SEMの担当になったBさん、そして少しベテランのC子さんの3人です。ちなみにAさんはこの道十年のベテランです。SEMチームには日々社内のあらゆる部署から、新材料の評価や不良解析のためのSEM観察用の試料が送られてきます。所有している設備は元素分析装置（EDS: エネルギー分散型X線分析装置）付で、ショットキータイプの電子銃（EDSとともに2章で解説します）を搭載したSEM、そして周辺機器としては白金スパッタコータがあります。

1.2.1　絶縁物はコーティングしなくてもOK？

　1年ほど前に解析センターに移動してきたBさんは、リーダーのAさんからSEMの操作を一通り教わり、一人でオペレーションを任されるようになったところです。BさんはSEMの操作だけではなく、SEMの原理や各種の材料への応用について教科書で一通り勉強してきたつもりで、ある程度の自信を持っていました。色々な試料とともに、様々な解析依頼が毎日のように、容赦なくBさんのもとに送られてきます。Q.「どこをみたいですか？」、A.「表面

A さん　　B さん　　C 子さん

観察、断面観察、元素分析をしてほしい！」。Q.「試料の種類は？」、A.「金属、セラミックス、半導体、有機物、粉体など、社内で取り扱う素材のすべてです！」。

　B さんが読んだ SEM の教科書によると、絶縁物の観察には導電性コーティングが必要、特に絶縁物の元素分析にはカーボンのコーティングが必要、断面試料作製にはミクロトームや FIB などのイオンビームによる断面作製装置が必要など、色々と書いてあります。しかし、手元にある装置は紹介した通り、SEM と白金スパッタコータだけで、いずれも "ない物ねだり" です。理想と現実とはかけ離れているのが常です。B さんの悩みはどんどん増えていきます。解析の内容によっては「あれがないから、これがないからできません‼」とお断りしたいところなのですが、仕事なのでそうもいきません。

　そんなある日、B さんはリーダーの A さんから、「この試料の断面観察と元素分析をしてほしい」との指示を受けました。試料はセラミックスでした。断面と言われても断面作製装置はありません。セラミックスは硬くて、そう簡単に断面観察のための加工はできません。そこで B さんはニッパを使って割断してみました。その結果、意外と綺麗に半分に割断されました。また、セラミックスは絶縁物であるため、そのまま加速電圧 5 kV で二次電子像を観察すると、図 1-2 a の通り、チャージアップによる異常コントラストのため観察できませんでした。やはり、絶縁物には導電性コーティングが必要です。手元にあるのは白金スパッタコータなので、B さんは疑問を持ちつつも試料に白金をスパッタコーティングして観察をしました。その

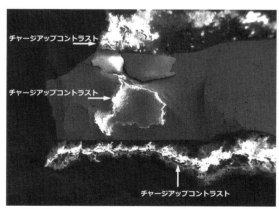

a.　コーティング：無し

b.　コーティングあり（Pt：50 nm）

300 µm

試料：チタン酸ストロンチウム　　二次電子像　　加速電圧：5 kV

図 1-2　導電性コーティングの有無の違い

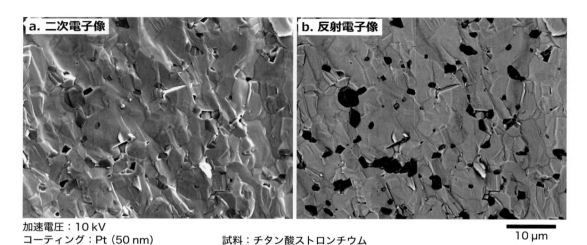

加速電圧：10 kV
コーティング：Pt（50 nm）　　　　　試料：チタン酸ストロンチウム

図 1-3　導電性コーティング後の観察結果

結果が**図 1-2 b** です。図中 a でみられるようなチャージアップによる異常コントラストは消失して、表面の状態がよくわかるようになりました。さらに倍率を上げてみると、**図 1-3 a** に示すように、焼結体によくみられるような粒界らしいラインや、添加物のようなコントラストを観察することができます。同じ場所を同じ倍率で反射電子組成像により観察（図 1-3 b）すると、添加物の部分が黒いコントラストで分布していることがわかります。

　そこで、元素分析までを行い、これらの結果を報告書にまとめてリーダーの A さんに提出しました。それが**図 1-4** です。この報告書でわかる通り、元素分析のスペクトルでチタンやストロンチウムのピークが確認できます。さらに、各元素の分布を示す元素マッピング像によると、チタン、ストロンチウムおよび酸素が全面に分布しており、この試料の材質はチタン酸ストロンチウムであることが推測できます。また、反射電子像で確認できる黒くみえるコントラストは、チタン、マグネシウムおよび酸素で構成されていることがわかります。もちろん、コーティングした白金が全面に分布していることもわかります。B さんは A さんにこのような報告をして、「一つ仕事が終わった」と安心しました。これで当初の目的を達成しているのは確かですが、何か見落としている情報はないでしょうか？

　実は以前、A さんは今回の試料と同種の試料をやはりニッパで割断して、コーティングをしないで観察したことがあったのです。ただし、二次電子像で観察するとチャージアップしてしまうので、そのときは試しに反射電子組成像で観察しました。その結果は**図 1-5 a** です（同図 b は白金コーティングをしたときの反射電子像です）。A さんは、B さんにこのデータをみせてみました。組成はチタン、ストロンチウムおよび酸素が主で、また添加物が点在している状態であることは、先ほどの元素マップでわかっています。でも、A さんがみせたデータでは、チタン酸ストロンチウムと思われる粒界ごとに違うコントラストを示しています。これを

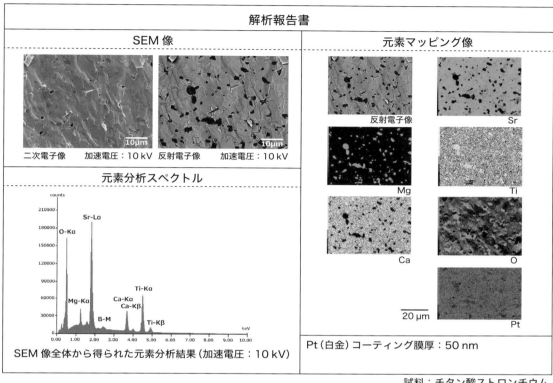

図1-4 Bさんの提出した報告書

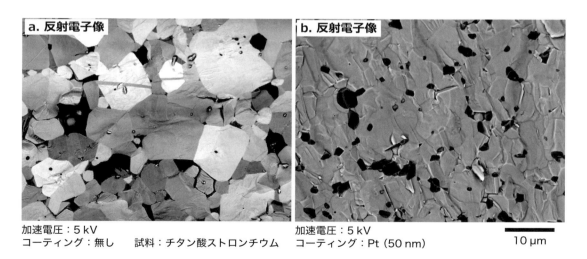

図1-5 コーティングの有無による反射電子像の違い

みたBさんは「あれ？」という感じでした。

　Aさんも Bさんも、このコントラストは何が原因だったのか、この時点でもまだわかって

いませんが、少なくとも白金コーティングで失われてしまう情報があるようです（これについては4章で説明します）。また、チタン酸ストロンチウムのような絶縁物の場合でも、ある程度は導電性コーティングをしないで観察できる条件があることにも注目しておいてください。

このように、教科書的ではない観察法によって、別の情報を見出すこともあり、これは重要な一歩です。Bさんは白金コーティングが最適かどうか疑問を持ちつつも、他の手段がないので絶縁物の試料に白金コーティングを行ったのでした。これについては間違いではありません。でも、試料と条件によっては、絶縁物であっても必ずしもコーティングが必須ではないことをAさんは経験的に知っていたのです。ですから、このことを思い出していれば別の対策がとれていたかもしれません。詳細は4章で説明しますが、一部の絶縁物試料では反射電子を使うことによってチャージアップが目立たなくなり観察が可能になることがあります。

1.2.2　同じ場所を観察しているのに？

もう一つ、現場でありがちな「あるある」ネタをご紹介します。リーダーのAさんは、少しベテランのC子さんに、木材上の塗装膜の表面状態を観察するように試料を手渡しました。観察する領域は、試料の上にマジックで四角く囲ってありました。C子さんは試料を適当な大きさに切り出して試料台の上にカーボンテープで固定しました。そして白金をコーティングしてSEM観察をしました。その結果が図1-6です。

二次電子像で数百倍から1千倍程度まで撮影されたSEM像は、小さな粒子が多数点在する様子を奇麗に捉えていました。また、反射電子像（図1-6右）も観察し、これらの結果から「この試料は平均原子番号がかなり大きい元素で構成された粒子であり顔料と推測できる」などのコメントを加えて、C子さんは報告書をAさんに提出しました。しかし、Aさんは「この塗装膜の最表面はもっとフラットな面のはずだが？　その様子がC子さんのデータだとよくわからない！」と首をかしげました。念のためC子さんにもう一度確認するように指示し

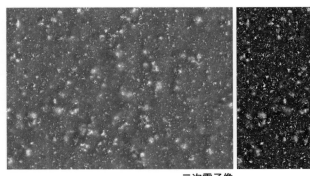

二次電子像　　　　　　　　　　　　　　　　　　　反射電子像

加速電圧：15 kV　10 μm

図1-6　木材上の塗膜の表面観察例（C子さんのデータ）

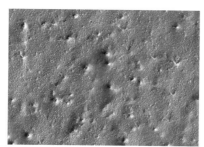

加速電圧：3 kV　　　　　　二次電子像

10 µm　　　**図 1-7　低加速電圧で観察した例（図 1-6 と同じ場所）**

たのですが、C 子さんはすでに他の仕事で忙しく、「できません！」と断りました。そこで A さんは、前の仕事が一区切りついた B さんに、この塗装膜表面の同じ場所の SEM 観察を指示しました。後日、B さんはマジックで囲んだ同じ場所の観察を行って、データを提出しました。それが**図 1-7** に示す SEM 像です。

　B さんのデータは、塗装膜の最表面の様子を評価することが可能な SEM 像になっていました。これをみた A さんは安心しましたが、本件に何かしっくりこないというのがリーダーとしての率直な感想です。同じ場所のデータとは思えませんが、これはどういうことなのでしょうか？　A さん、B さん、C 子さんはこのデータに関してディスカッションをすることにしました。何が原因だったのかはともかく、人によって観察像に違いがあることに気付いただけでもラッキーだったかもしれません。実際には C 子さんと B さんのデータでは加速電圧が違っています。指示を出す立場の A さんもその点が曖昧（あいまい）だったのですが、今回は加速電圧などの条件選択は個人に任されていたようです。この SEM チームの 3 人は、SEM の知識や操作は個々人ではある程度精通しており、社内でもそれなりに評価を受けています。でも今回の一連の出来事で何か不足感を持ち始めました。ディスカッションの結果、3 人は本書 2〜4 章を読み、勉強し直すことにしました。その後の SEM チームの 3 人の様子は 5 章で、反省会として紹介します。

　他にも、このような「あるある」ネタは数えきれないくらいあります。例えば、試料の固定に使った銀ペーストの導電性粒子と試料を間違えて撮影したとか、金属の試料なのにチャージアップが止まらない、昨日までよくみえた試料が、同じ条件なのに今日はボケボケで全然みえない（前の人が使った条件でそのまま観察しようとした）などですが、とりあえずこれくらいにしておきます。とにかく、時間が許す限り色々とやってみて損はありません。ある程度独り立ちして仕事を任されている読者の皆様は、「必要な道具がないからできません!!」の一言を発する前に、教科書から逸脱した方法にも是非挑戦してみてください（やってみてダメなら、黙っていればよいかと思います）。

　なお、本書に示す SEM データのほとんどは、著者二人の仕事場である東京電機大学千住

図 1-8　走査電子顕微鏡の外観（日本電子製: JSM-7100F）

キャンパスに納入されている走査電子顕微鏡: JSM-7100F（日本電子製）（**図 1-8**）とエネルギー分散型 X 線分析装置: JED-2300（日本電子製）によるものです。この装置はショットキータイプの電界放出型電子銃を備えた多用途 SEM です。高い分解能と大きな照射電流が得られることから、比較的高倍率の観察から各種分析まで幅広い目的に使われています。違う装置で取得したデータの場合は、機種名や電子銃の違いを図の中に示しました。また、「はじめに」でも述べましたが、機種やメーカーによる特性の違いから、同じ試料の同じ場所を同じ条件で観察しても、みえ方やチャージアップの様子が異なってくることがあります。この分野では「実践」が重要です。本書で興味を持った試料がありましたら、是非、読者がお使いの装置で試してみることをお勧めします。トライ＆エラーの繰り返しが何より重要ですし、これによって SEM そのものにも興味が湧いて楽しくなってきます。

　それでは、次章より本編に入ります。解析センター SEM チームの 3 人とともに、「あるある」失敗の原因を考えながら読み進めていただければと思います。本書は、この章を含め次の五部構成になっています。

　1章　SEM の概要（SEM ってどんな装置？）

　2章　SEM の構成と操作のポイント

　3章　元素分析の基本とポイント

　4章　試料作製の基本とポイント

　5章　もっと SEM を使いこなすために

　それぞれ、極力現場目線での説明に努めました。ある程度 SEM を使っている人は、最初から順を追って読み進めていただければと思います。

コラム❶

SEM の都市伝説

多くの SEM の現場に共通して言えることは、専任の管理者がいないか、いても 2〜3 年で入れ替わってしまうケースが多いことです。きちんと引き継ぎが行われればよいのですが、曖昧なまま二代目、三代目と代替わりする過程で、色々な都市伝説が生まれてきます。

一つは加速電圧などの可変条件の設定です。10 kV や 15 kV 以上の高い加速電圧で観察すると最表面が観察できないから「1 kV から変えちゃダメ」とか、逆に低い加速電圧で観察すると「分解能が悪いから使わないように‼」とか、どんどん誤情報が膨らんでしまいます。二つめはコーティングについてです。一番多いケースは、コーティングをすると表面が変わってしまうから「コーティングはしない方がよい」、逆に SEM の試料はコーティングしないとみることができないからと「何でもコーティングするように」などなどです。三つめは EDS 分析です。低加速電圧を使えばより表面の分析ができるのではと思い、加速電圧を 1 kV、2 kV で分析し

て、スペクトルが左の方しか出ない、故障した、と大騒ぎになってしまうとか、逆に大規模な事業所では、条件を固定して使うようにきつく指示がいきわたっている職場もあります。かつてのアナログな SEM の時代には、加速電圧や照射電流を切り替えるノブを動かせないようにテープで固定してある SEM をみたこともあります。このような笑えない事実はまだまだたくさんあります。

どうしてこのような決まりができたか、理由がわかっていればよいのですが、理由はわからずに、決まりごとだけが独り歩きするのが常のようです。そしてやがては、「この SEM はイマイチ」というレッテルを貼られてしまいます。このようなことが起こらないようにと願いながら本書を執筆しました。担当者が変わる際に、本書の内容に沿って引き継ぎを行い、本書とともに受け継いでいただければ、不可解な都市伝説が膨らむようなことはないと信じています。

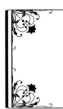

2 章
SEM の構成と操作のポイント

　SEM は「手軽に誰にでも使える」というキャッチフレーズで、多くのユーザーに普及している。また、使用目的も様々で、金属、半導体、ポリマー、バイオなど多くの分野で、基礎研究、製品開発、品質管理、教育などのあらゆる目的で使用されている。

　一般に、導電性のある試料であれば、そのまま試料台に固定してステージに装着すれば、それほどの手間なく簡単に 1 万倍以上の「それなり」の SEM 像を得ることができる。しかし SEM は、装置のグレードにもよるが、加速電圧や照射電流などの、ユーザーの判断で変えられるパラメータが多数あるために、実際に SEM を使い始めてから、これらのパラメータの調整に戸惑うケースが多い。例えば、照射電流と加速電圧は広い範囲で設定を変えることができるようになっている場合が多く、特に加速電圧に関しては、比較的汎用性の高い SEM であっても、1 kV ステップで変えられるようになっている装置も多い。

　このように細かく設定できるにもかかわらず、残念ながら、多くのユーザーが条件を固定して使っているのが現状である。しかし、これら条件を変えたときに、同じ試料の同じ場所のみえ方が劇的に変わる材料が多々あることに気付けば事情は違ってくる。例えば、加速電圧については、この値を変化させることで試料の最表面から、ある程度奥（内部）の情報まで知ることができる。この条件設定が SEM の「面倒」なところであり、また「奥の深い」部分でもある。この面倒な部分をメリットと捉えられるようになると、「誰にでも手軽に使える」装置から「奥の深い」装置へと認識が変わってくる。

　本章では、単に SEM の操作手順だけを覚えるのではなく、今行っている自分の操作によって、試料表面に照射される電子が試料内に進入してどのような挙動を示すのかを理解し、SEM をより有効に活用できるようになることを目指す。前半（2.1 節、2.2 節）では、SEM の使いこなしの第一歩として、SEM の構造と各種設定条件を、電子線照射により SEM 内部で何が起こっているかを基本において説明していく。後半（2.3 節 〜）では、観察目的に合致した最適条件を設定するためのポイントについて解説する。

※ 2.1　SEM のしくみ ━━━━━━━━━━━━━━━━━━━━━━━━◆

　SEM の基本的な構成を**図 2-1** に示す。SEM は、主に次の 6 つ（図中 ① 〜 ⑥）の部分から構成される。図の上から、電子源である**電子銃** ①、そこから放出された電子線を一定のエネルギーに加速するための電圧印加（加速電圧）をする**アノード** ②、電子線の照射電流量を決める**コンデンサーレンズ**（CL: condenser lens） ③、レンズの開き角を制限して収差を小さく

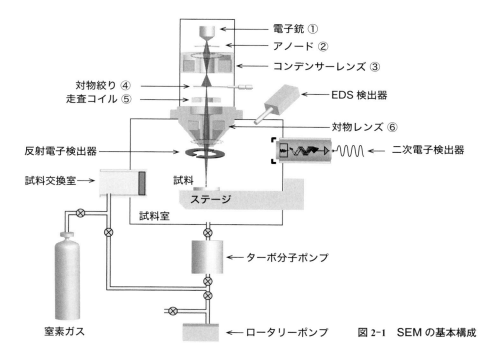

図 2-1 SEM の基本構成

するための**対物絞り** ④、電子線を試料表面で走査する**走査コイル** ⑤、試料表面に焦点を合わせる**対物レンズ**（OL: objective lens）⑥ である。そして、試料に照射された電子は試料内部に進入し、非弾性散乱電子と弾性散乱電子となり、試料内で散乱を繰り返す。**非弾性散乱電子**は、試料に照射された電子が、試料（物質）を構成する原子との相互作用により様々な信号（二次電子、特性 X 線、オージェ電子、カソードルミネッセンス光など）を真空中に放出させながら、試料内を散乱しエネルギーを失う電子である。一方、**弾性散乱電子**は、エネルギーを失わずに弾性散乱を繰り返す。この弾性散乱電子が進入時のエネルギーと同じエネルギーで真空中に放出されるのが**反射電子**である。

　これらの散乱の中で、真空中に放出された信号を各種検出器で検出し、二次元的な強度分布を表示装置上（現在では PC 画面上）に表示することができる。これを **SEM 像**（二次電子像、反射電子像、元素マッピング像等）と呼ぶ。また、電子銃、対物レンズ、各種検出器は、装置の使用目的により最適の組み合わせでいくつかのラインアップとして用意されている。そして忘れてはならないのが、SEM は真空を使った装置だということである。SEM をはじめとする電子顕微鏡は、光の代わりに負電荷を帯びた電子線を利用する。この電子が空間を直進するためには真空が必要となり、そのため複数の真空ポンプが配置されている。また、次項で説明するショットキー型や冷陰極型の電界放出電子銃は、安定動作のためにさらに高い真空度が必要で、電子銃室のみが単独で超高真空対応のイオンポンプにより排気（差動排気）されている。このように、SEM には真空が不可欠なため、水分など蒸気圧の高い物質を含む試料の観察には特別なアタッチメントや、それら試料の観察目的に特化した試料作製法が必要となる。

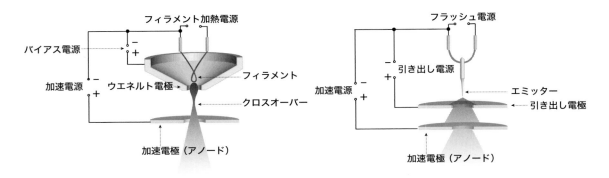

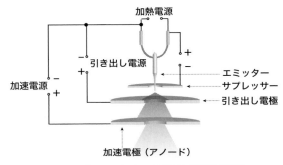

c. ショットキー電界放出型電子銃　　　　　図 2-2　三種類の電子銃

2.1.1　電子銃

　SEM をはじめとする電子顕微鏡の電子銃は電子を発生させる部分であり、光学顕微鏡の光源に相当する。この電子銃には**熱電子放出型**と**冷陰極電界放出型**および**ショットキー電界放出型**の三種類があり（**図 2-2**）、それぞれ特徴を持っている。これら三種類の電子銃の詳細な性能比較を**表 2-1** に示すとともに、以下にそれらの概要を説明する。

a.　熱電子放出型電子銃

　図 2-2 a に示す熱電子放出型は最も一般的な電子銃である。近年急速に普及している卓上SEM や汎用 SEM（p.61 のコラム 2 参照）に多く用いられている。この電子銃は唯一、一般ユーザーがメンテナンス（電子源、すなわちフィラメントの交換など）をすることが可能である。

　電子源の材料としては、タングステンや輝度の高い六ホウ化ランタン（LaB_6）単結晶が使われている。このフィラメントに電流を流して熱電子を発生させる。この際にウエネルト電極とフィラメントの間にバイアス電圧が印加されており、フィラメントから発生した電子線はクロスオーバーを結ぶことになる。そして、熱電子銃型の電子銃はこのクロスオーバーの大きさが実質的な光源の大きさとなる。この電子源に LaB_6 単結晶を用いた場合には、そこから放出される熱電子を安定させるために、電子銃室を個別にイオンポンプで真空排気して、他の部分

表 2-1　各種電子銃の比較

	a. 熱電子放出型電子銃 [1]	b. 冷陰極電界放出型電子銃	c. ショットキー電界放出型電子銃
電子銃タイプ	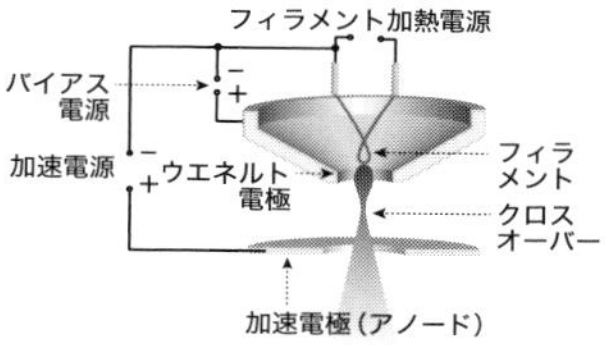	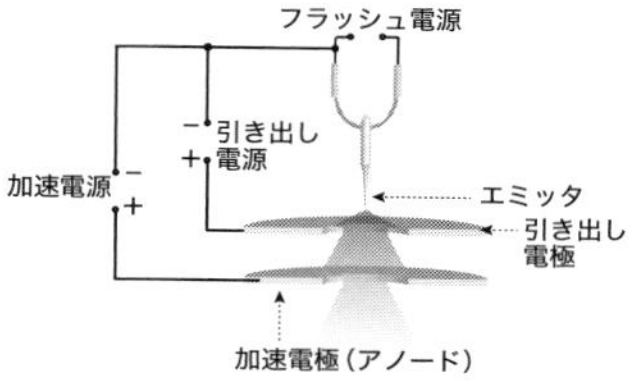	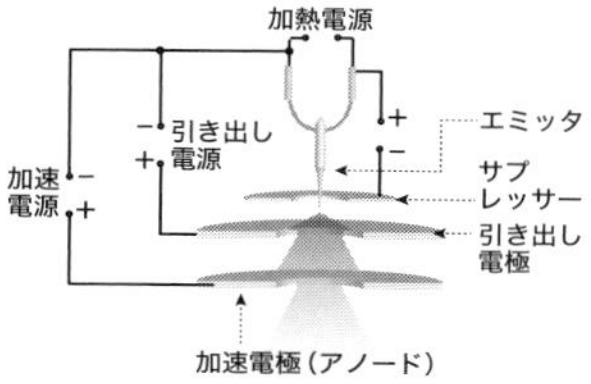
光源サイズ	$10 \sim 20\,\mu m$ $(10000 \sim 20000\,nm)$	$5 \sim 10\,nm$	$15 \sim 20\,nm$
輝　度 $[A\,cm^{-2}\,rad^{-2}]$	10^5	10^8	10^8
エネルギー幅 $[eV]$	$3 \sim 4$	0.3	$0.7 \sim 1.0$
陰極温度 $[K]$	2800	300	1800
照射電流変動 $[/hr]$	$< 1\,\%$	$< 10\,\%$	$< 1\,\%$
分 解 能	△	◎	○
汎 用 性	◎	△	○

† 1：タングステンフィラメントの値を示す。

よりも常に高い真空度に保つ必要がある。この LaB$_6$ 電子源のエネルギーのばらつきは、表2-1 に示すタングステンフィラメントの値（3〜4 eV）よりさらに小さく 1.5 eV 程度になるが、以下に説明する二種類の電子銃に比べると大きい。

b.　冷陰極電界放出型電子銃

　図 2-2 b に示す冷陰極電界放出型の電子銃は、電子源に数 kV の高い電界を印加したときにトンネル効果により電子が放出される**電界放出現象**を利用している。電子を放出させるエミッターの材料としてタングステンの単結晶が一般的に用いられ、この電子銃のエミッター先端形状は 100〜200 nm 程度の太さに成形されており、熱電子銃型に比べ非常に小さい。また、電界放出を安定化させるためにエミッターの先端は常に清浄に保つ必要があり、そのため電子銃は $10^{-8} \sim 10^{-9}$ Pa 程度の超高真空中に常時置かれている。放出された電子はアノードにより加速されて加速電圧に対応した所定のエネルギーをもって試料に照射される。一般に、電界放出型電子銃の実質的な電子源の大きさは仮想光源（2 章付録 1 参照）で定義される。冷陰極型の電子銃の仮想光源の大きさは 5〜10 nm で、熱電子型電子銃の電子源の大きさ 10〜20 µm に比べると非常に小さく、放出された電子のエネルギーのばらつきが少ない（〜0.3 eV）のも特徴の一つである。そのため非常に高い分解能を得ることができる。

c. ショットキー電界放出型電子銃

図 2-2c に示すショットキー電界放出型の電子銃は、加熱された金属表面に高い電界を印加したときに起こるショットキー放出と呼ばれる現象を利用している。エミッターは先端曲率が数百 nm のタングステン単結晶に ZrO が被覆されている。この ZrO の被覆により仕事関数を大きく低下させることができ、1800 K 程度の比較的低い温度で大きな放出電流が得られる。このタイプの電子銃では、エミッターから放出される不要な熱電子を遮蔽するために、負の電圧を印加した電極としてサプレッサーが設けられている。

電子銃の部分は 10^{-7} Pa 程度の超高真空に置かれているとともに、エミッターが 1800 K 程度の高温に保たれているためエミッター先端のガス吸着がなく、放出電流の安定度は冷陰極型電子銃に比べて高い。仮想光源の大きさは、ショットキー型の電子銃ではやや大きくて 15 ～ 20 nm となる。また、冷陰極電界放出型の電子銃に比べ放出電子のエネルギーのばらつきはやや大きい（0.7 ～ 1.0 eV）。その代わりに高いプローブ電流が得られるため、このショットキー型電界放出電子銃は、形体観察と同時に、大きな照射電流を必要とする元素分析や、カソードルミネッセンスなど各種の分析機能と像観察の両方を重視する場合に多く用いられる。冷陰極電界放出型やショットキー型の電界放出電子銃は、超高真空下で安定なエミッションを得るため、試料を含めた鏡筒内を清浄に保つなど、熱電子型に比べると取り扱いには注意が必要となる。

2.1.2 加速電圧

電子銃から放出された電子は、アノードに印加された正電圧で一定のエネルギー状態に加速されて試料上に照射される。この電圧を**加速電圧**と呼ぶ。図 2-3 に、冷陰極電界放出型電子銃を例に、加速電圧の印加される位置を具体的に示した。一般的な SEM の加速電圧は最大 30 kV から最小 1 kV 以下まで何段階か切り替えることで、試料に照射される電子のエネルギー

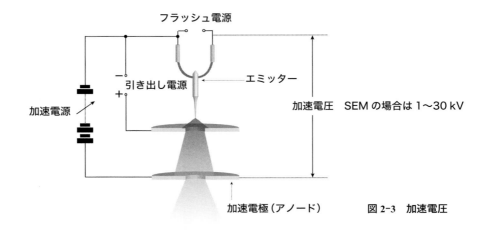

図 2-3　加速電圧

を変化させることが可能となり、試料表面の多くの情報を得ることができる。詳細は 2.3 節で扱う。

2.1.3　電子レンズ

SEM をはじめとする電子顕微鏡は、多段のレンズで構成されている。光の代わりに負電荷を帯びた電子を利用するため、**電子レンズ**と呼ばれる。光学レンズでは凸レンズ、凹レンズなど複数のタイプがあるが、電子レンズでは凸レンズのみである。また、SEM の電子レンズは電子プローブを縮小し、試料表面に集束させる機能を持つ。電子レンズには**静電型レンズ**（電界で電子などの荷電粒子の進路を曲げる）と**磁界型レンズ**（磁界により電子などの荷電粒子の進路を曲げる）の二種類がある。SEM では一般的に、後者の磁界型レンズが用いられている（ただし、FIB などイオンビームを扱う装置では静電型レンズが用いられる）。

磁界型レンズの基本的な構造を**図 2-4** に示す。図中 a は金属線が円筒形状に多数巻かれた**空芯ソレノイド**を使用したレンズのものである。このソレノイドに電流を流し、中心に発生した磁場を用いて電子線の広がり状態を制御することができる。また、このときの Z 軸方向の磁場 B の広がりを図中右に示す。磁場は Z 軸方向に比較的ブロードな分布を示しており、集中させた強い磁場をつくるという点においてはレンズ作用として弱い。図中 b に示した**閉磁路式**では、ソレノイドの周りを高い透磁率の材料（ヨーク）で囲むことで閉磁路をつくり、狭い領域（すき間）で磁場を漏らして、同図右側のグラフに示すような集中した強い磁場を得るこ

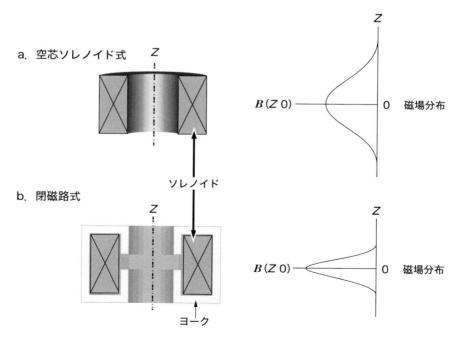

図 2-4　磁界型レンズの構成

とができる。これによって強いレンズ作用を得ている。この狭いすき間をギャップと呼んでいる。閉磁路式のレンズは、目的に応じて形状が異なるものがつくられている。その一つは**コンデンサーレンズ**（集束レンズとも呼ばれる）であり、もう一つは**対物レンズ**である。

a. コンデンサーレンズ（集束レンズ）

コンデンサーレンズは、集束の程度を調整することにより、電子線の**照射電流**を所定の値にすることができる。図 2-1 の中央に示すように、コンデンサーレンズと対物レンズの間には**対物絞り**が設置されており、コンデンサーレンズで集められた電子のうち、この絞りを通過する電子のみが対物レンズに到達し、試料上で焦点（フォーカス）を結ぶ。コンデンサーレンズは、その集束の度合いを強くすると電子プローブ径は縮小されて細くなり、SEM 像の分解能は向上するが、試料上に照射される照射電流は少なくなる。そのため、二次電子等の信号発生量が少なく、SEM 像の画質は悪くなる。一方、レンズの集束度合いを弱くすると、電子プローブ径は太くなり SEM 像の分解能は悪くなるが、照射電流は増大し、二次電子などの放出電流は増えて SEM 像の画質は向上する。特に反射電子の観察や元素分析などでは照射電流を大きくする場合が多い。コンデンサーレンズの機能の詳細は 2.3 節で具体的に説明する。

b. 対物レンズ

コンデンサーレンズを通過した電子は、対物絞りを通過して対物レンズにより試料表面に焦点を結ぶ。対物レンズには**図 2-5** に示すようなアウトレンズ型、セミインレンズ型、インレンズ型の三種類がある。この中で**アウトレンズ型**は最も多く使われている汎用タイプのものであり、ある程度大きな試料や磁性材料（ただし、磁化した試料は不可）でも問題なく使用できる

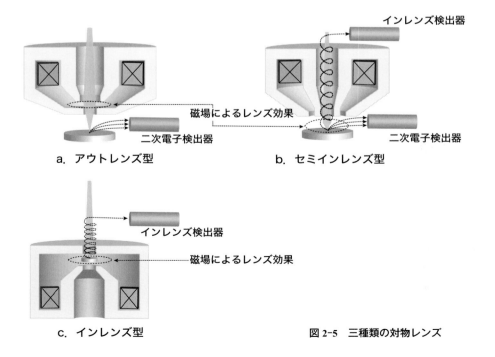

a. アウトレンズ型　　　　　　b. セミインレンズ型

c. インレンズ型　　　　　　　図 2-5　三種類の対物レンズ

が、焦点距離が長くなるため高い分解能を得ることができない。一方、**セミインレンズ型**では、レンズ形状を工夫することで対物レンズ下部の空間に強磁場を漏洩させてレンズを形成させるため、焦点距離が短くなることにより分解能を向上させている。アウトレンズ型と同様に大きな試料を取り扱えるが、漏洩磁場の影響で磁性材料は磁化してしまうので観察には不向きである。

　また、**インレンズ型**は、透過電子顕微鏡（TEM: transmission electron microscope）の対物レンズと同様に、レンズの磁場の中に試料を入れるもので、三種の中では最も高い分解能が得られる。しかし、試料の大きさは数mm以下に制限される。また、セミインレンズと同様に磁性材料の観察には向かない。SEMの分解能は、前述の電子銃と対物レンズの組み合わせで決まる。冷陰極電界放出型の電子銃とインレンズ方式の対物レンズの組み合わせで最高分解能を得ることができるが、試料の材質や大きさに制限を受ける。これら三種類の対物レンズの特徴を**表2-2**にまとめた。これからSEMを導入する、あるいは更新するユーザーは、表2-1と併せて検討の参考資料とされたい。なお、予算に関してはまた別の問題である。

表2-2　各種対物レンズの比較

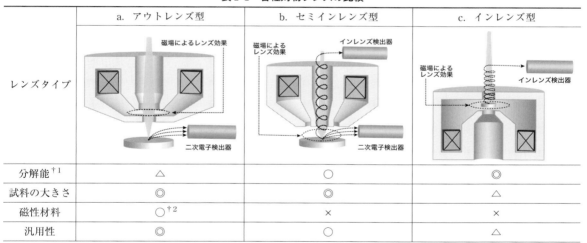

レンズタイプ	a．アウトレンズ型	b．セミインレンズ型	c．インレンズ型
分解能[†1]	△	○	◎
試料の大きさ	◎	◎	△
磁性材料	○[†2]	×	×
汎用性	◎	○	△

†1：電子銃との組み合わせによる。　†2：磁化している試料は観察が難しい。

2.1.4　対物絞りとその役割

　図2-1に示したように、コンデンサーレンズと対物レンズの間には**対物絞り**が設置されている。このとき、電子線の経路に絞りの孔を設置することで、この孔を通過する電子線の周辺部をカットして対物レンズの開き角を制限することが可能となる。これにより、対物レンズの球面収差の影響が小さくなり、結果として電子線のプローブ径（付録2参照）を小さくすることができる。この目的で対物絞りが設置されている。しかし、対物絞りの孔径を小さくしすぎると回折収差の影響が大きくなってしまう。そのため、双方の収差の影響が一番小さくなるよう

に対物絞りの孔径は決められている。以下に説明する。

　一般に球面収差の程度は**図2-6**に示した最小錯乱円半径 r_D で表すことができ、また、この r_D は次の式（2-1）で示すことができる。つまり、ここで球面収差（**図2-6a**）を小さくするためには、レンズの開き角を小さくする（光軸付近のみのビームを使う）必要がある。

$$r_D = \frac{1}{2}C_s\alpha^3 \tag{2-1}$$

C_s は**球面収差係数**で、単位は mm である。C_s は対物レンズの形状や、試料と対物レンズ間の距離である**ワーキングディスタンス**（WD: working distance）によって決まる係数である。ワーキングディスタンスが短いほど C_s は小さくなる。収差の影響を受けた状態で電子プローブ径が最も小さくなる部分を**最小錯乱円**と呼ぶ。最小錯乱円の半径が r_D（**最小錯乱円半径**）である。α は電子プローブの開き角の半角 [rad] である。このとき、**回折収差**の程度は次の式（2-2）で示した $2r_D$ で示すことができる（図中 b）。

$$2r_D = 1.22\frac{\lambda}{\alpha} \tag{2-2}$$

λ は電子の波長 [nm] である。回折収差では開き角 α の増加とともに r_D すなわちプローブ径は大きくなり、球面収差とは相反することがわかる。

　式（2-1）の球面収差および式（2-2）の回折収差と開き角 α の関係を図中 c のグラフに示す。実際のプローブ径はこれら二つの収差を合成したものになることから、最小プローブ径を得るための最適な開き角 α が存在することがこのグラフよりわかる。これに基づき、対物絞りの

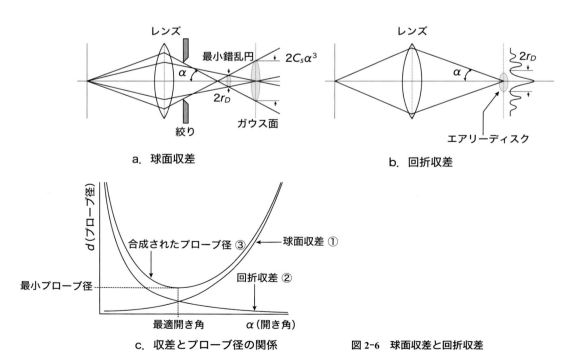

a．球面収差

b．回折収差

c．収差とプローブ径の関係

図 2-6　球面収差と回折収差

孔径は電子プローブの径が最小になる（すなわち高分解能になる）開き角に設定されている。また、この対物絞りについて、いくつかの細孔を切り替えることができる構造になっているSEMもある。これにより、焦点深度や試料への照射電流を調整することもできる。電子レンズの収差の詳しい説明は章末の参考文献（例えば、裏（2005）など）を参照されたい。

2.1.5　走査コイルと倍率

偏向系として、試料上に電子プローブを X, Y 方向に走査（スキャン）するための**走査コイル**がある。この走査幅の大小により**観察倍率**が決められる。**図 2-7** に示す通り、試料上の走査幅と PC 上などの表示装置の幅（こちらは常に一定）との比が倍率となる。例えば、試料上の走査幅が a、表示装置の幅が A（一定）であれば倍率 M は

$$M = \frac{A}{a} \tag{2-3}$$

となる。

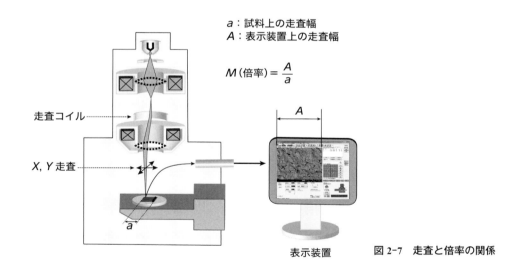

図 2-7　走査と倍率の関係

2.1.6　非点収差と非点（収差）補正

より良い SEM 像を得るための基本の一つとして、焦点合わせだけでなく**非点（収差）補正**を行うことが重要となる。非点補正と呼ばれる操作は、「非点収差を補正する」ことであり、初心者がはじめにぶつかる壁でもある。以後、非点収差を補正することを非点補正と呼ぶ。**非点収差**とは、レンズの構造や汚れの度合いなどによって、光軸 Z に対して X 方向と Y 方向で焦点深度が異なる（非点隔差）ことから起こり、電子線の断面が楕円形となる。つまり、電子プローブの断面が正円にならないという現象である。非点補正とは、後に述べる非点収差補正コイルにより、電子プローブの断面を正円に補正することである。**図 2-8 a** に非点収差の原理

a. 非点収差

b. 非点収差補正コイル

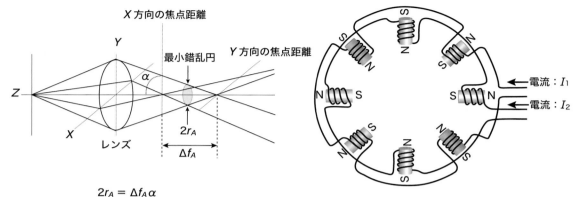

$$2r_A = \Delta f_A \alpha$$

α：開き角
Δf_A：非点隔差：（Y方向の焦点距離）－（X方向の焦点距離）

図2-8　非点収差と非点補正機構

を示す。また、このときの非点収差の大きさ $2r_A$ は、Δf_A を非点隔差、α を開き角とすると

$$2r_A = \Delta f_A \alpha \tag{2-4}$$

で示すことができる。

　図2-8b はこの非点収差を補正するためのコイルの説明図である。操作パネル上の X, Y つまみで画面を観察しながら補正する。この非点収差の有無はオーバーフォーカス、アンダーフォーカスを繰り返すことで確認できる。その様子を**図2-9**（試料は卵殻の表面）に示す。図の上段は非点収差がある場合、図の下段は非点収差がない場合（非点補正済）のSEM像である。非点補正がされていないか、あるいは不十分だと、図上段に示す通りジャストフォーカスでもボケのある画像になり、オーバーフォーカス、アンダーフォーカスしたときに直交した方向性を持ったボケが生じる。一方、非点補正後の図下段は、ジャストフォーカスでよりシャープなSEM像となる。このときはオーバーフォーカス、アンダーフォーカス時ともに方向性のない均一なボケが生じる。

　非点収差は、加速電圧や照射電流により変化することが多いので、これらの条件を変更したときには再調整が必要になる。また、試料の場所を変えたときも非点収差が変化することがあるので注意されたい。なお、この非点収差の影響はある程度以上の高倍率（約1万倍）にならないかぎりSEM像にあまり影響を及ぼさない。特に、数百倍以下では調整する必要はない。**図2-10** はその様子を示している。図中aは非点収差がある場合、図中bは非点収差がない場合で、左の上下のSEM像は比較的高倍率、右の上下のSEM像が比較的低倍率の場合である。比較的高い倍率では明らかに非点収差が残っており、ボケたSEM像となっているが、比較的低い倍率では両者の差はわからない。

　また、非点補正が十分でない場合のSEM像の特徴について**図2-11** に示す。試料はスギ花

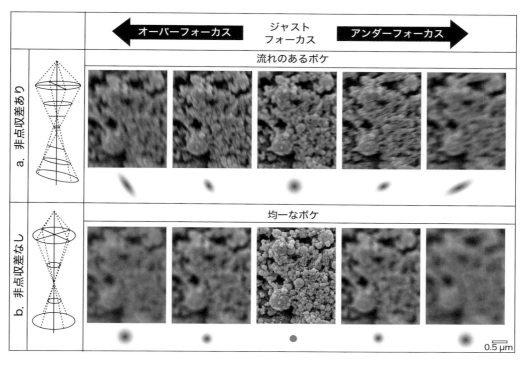

図 2-9　非点の有無による像の違い

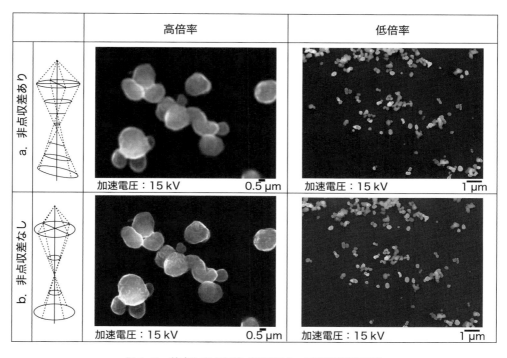

図 2-10　倍率と非点収差（倍率によっては調整は不要）

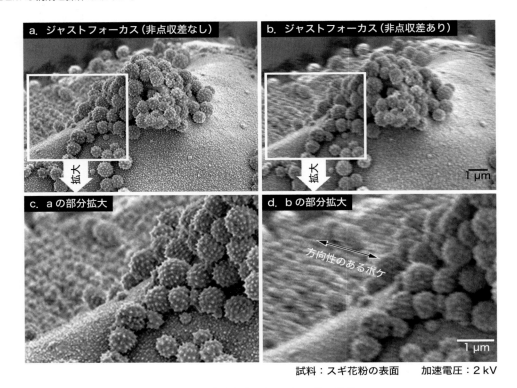

図 2-11　非点収差のある SEM 像の特徴

粉の部分拡大像であり、中央部と周辺部とで高さが違う。図中 a は非点収差がないジャスト
フォーカスの二次電子像、図中 b は非点収差があるジャストフォーカスの二次電子像である。
画面の中心部と左端の部分は高さが違うため、非点収差がある場合、焦点が外れた場所では流
れのあるボケが生じる。それぞれ部分拡大した画像が c および d である。非点収差がある場
合の流れ（方向性）のあるボケがよくわかる。このように、非点補正が完全に行われているか
どうかは、試料の高さが違う部分で流れのあるボケの有無を確認するとよくわかる。

2.1.7　各種検出器

　対物レンズを通過し、試料上に焦点を結んだ状態で試料表面に到達した電子は、試料内部に
進入して種々の相互作用を繰り返し、真空中に各種の信号を放出する。その相互作用の過程は
試料の物理的性質で大きく異なり、それに応じた粒子や電磁波が信号として放出される。
SEM をはじめとする電子顕微鏡は、これらの放出信号（二次電子、反射電子、特性 X 線、カ
ソードルミネッセンス光）を性質に応じて各種検出器で電気信号に変換し、最終的に二次元的
な情報を持つ SEM 像や元素マッピング像などを得ている。二次電子検出器に関しては 2.4.1
項、反射電子検出器に関しては 2.4.2 項、特性 X 線の検出器に関しては 3.2 節で詳細を説明
する。

2.1.8　ステージ

　試料ホルダーに固定された観察試料は、チャンバ内のステージに設置される。非常に高い倍率まで観察することができる SEM のステージは、振動対策で堅牢に組み上げられているだけではなく、スムーズに移動させることが可能な構造となっている。また、**焦点深度**が非常に深いという SEM の特徴を生かすために、水平（X-Y）移動だけでなく傾斜（T）、回転（R）および高さ（Z）の移動も可能となっているステージが多い。大きな試料室で移動距離が大きい SEM ではこれらの各軸（X, Y, Z, T, R）をモーターで駆動する装置もある。なお、焦点深度およびステージの活用法は 2.7 節で説明する。

2.1.9　真空排気系

　電子線をはじめとする荷電粒子をプローブとして扱う装置には、真空排気系は不可欠である。通常の SEM の場合は、電子が発生し、通過する経路から試料の周辺までのすべてが高い真空度に保たれている必要がある。ステージが設置されている試料室は空間が最も大きく、ターボ分子ポンプで真空排気されている。また、2.1.1 項でも説明したが、熱電子放出型電子銃で LaB_6 のエミッターを使う場合は、エミッションを安定させるため電子銃室を別にイオンポンプで排気し、試料室よりも高い真空度に維持する必要がある。冷陰極型およびショットキー型の電界放出型電子銃に関しては、安定なエミッションを維持するため中間室を設け、2 つのイオンポンプを用いて二段階の真空排気（差動排気）を行って電子銃の周辺を超高真空に保っている。大きな試料室を持つ SEM では、試料ホルダーを挿入する際にエアロック室を介して挿入する装置がある。それぞれのグレードの装置で最適な真空度を維持するために、試料の取り扱いに注意が必要となる。

　このように、SEM をはじめとする各種電子顕微鏡には真空が不可欠であることから、以下に述べる試料は観察に制限を受ける。例えば、水分を多量に含んだ試料（生物、食品など）や揮発性の高い試料などの、真空度を下げる原因となる材質は直接観察することはできない。特に石油系の試料など、蒸気圧が非常に高い試料は観察厳禁（SEM 鏡筒内の全面クリーニングが必要となる）である。しかし、これらの試料は低真空 SEM と呼ばれる、電子銃から対物レンズまでを高真空に維持したまま試料室のみの圧力を高くした装置で観察できる場合がある。低真空 SEM でも変化してしまう試料に関しては、あらかじめ大気中で液体窒素などを用いて凍結状態にした試料を、Cryo-SEM と呼ばれる装置で観察できる場合もあるが、十分な注意が必要である（前述の石油系試料など蒸気圧の高い材料は、これらの手法でも観察は避けた方がよい）。Cryo-SEM は、割断用冷却ナイフやコーティング装置などを内蔵した前処理用の冷却チャンバと、観察用の冷却ステージを搭載している。これらについては、4.7.2 項でその概略について説明する。

※ 2.2　電子線照射で起こる現象と SEM 像 ─────────────────────────◆

　　試料に電子線を照射すると、試料の内部に進入した電子と試料（物質）を構成する原子との相互作用により、二次電子、オージェ電子、反射電子、特性 X 線、連続 X 線、カソード ルミネッセンス光、吸収電流などの各種信号が放出される（**図 2-12**）。SEM は電子線を走査コイルで水平方向に矩形に走査しながら、試料表面から発生したこれらの信号をそれぞれの検出器で電気信号に変換し、二次電子像をはじめとする二次元的な各種画像やスペクトルとして、多くの試料情報を得ることができる。このときの各種信号の発生領域を**図 2-13** に示す。各種の信号は発生する領域（深さ、横方向の広がり）が異なり、何を検出するかによって観察・分析する範囲が違うことがわかる。**図 2-14** は、放出された電子のエネルギー分布を模式的に示したグラフである。右端が入射電子のエネルギー（加速電圧）に相当する放出電子（弾性散乱電子）のエネルギーとなる。

　　また、50 eV 以下の放出電子を**二次電子**（真の二次電子と呼ぶこともある）と呼び、それ以

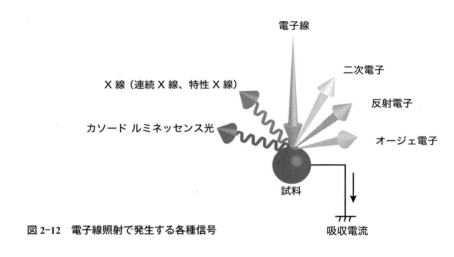

図 2-12　電子線照射で発生する各種信号

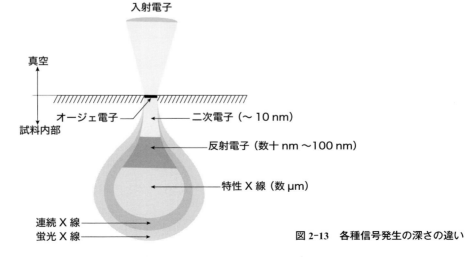

図 2-13　各種信号発生の深さの違い

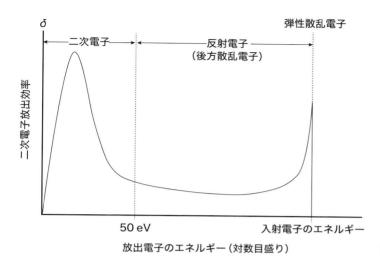

図 2-14　二次電子のスペクトル

上のものを**反射電子**と呼ぶ。二次電子は、主に入射電子がエネルギーを失いながら散乱する非弾性散乱過程で、試料を構成する格子原子内の電子が励起されて真空中に放出される電子である。図 2-13 にも示した通り、試料の比較的浅い部分から放出される。一方、反射電子は、入射電子がエネルギーを失わずに弾性散乱過程を繰り返し、再度真空中に放出された電子で、二次電子よりもエネルギーは大きく試料の深い位置から発生する。またこの現象は、入射する電子のエネルギー、すなわち印加された加速電圧の大小によって進入深さ（潜り込み深さともいう）が変化する。つまり、入射電子の加速電圧が高いほど試料の奥深くまで進入する。

　さらにこの入射電子は、比較的軽元素で構成されている試料と比較的重元素で構成されている試料では挙動が異なる（**図 2-15**）。前者は小さい角度で非弾性散乱を繰り返しながら試料内の深い位置まで進入し、やがてエネルギーを失う。一方、後者の重元素では、弾性散乱を繰り返しながら大きな角度で散乱するため、横方向の広がりが大きくなる。

※ 2.3　コンデンサーレンズと SEM 像の画質 ─────────────◆

　2.1.3 項で説明したように、コンデンサーレンズの調整により試料に到達する電子の照射電流をコントロールすることができる。このレンズの作用は、電子銃にもよるが画質と分解能に密接なつながりがある。すなわち、条件設定の重要な要素の一つとなる。なお、画質に関しては定量的な定義はないが、ノイズの少ない滑らかな SEM 像か、ノイズの多いざらついた SEM 像かで判断される。熱電子銃タイプの SEM では特にこまめに調整を行うことにより、滑らかなノイズのない「画質の良い SEM 像」あるいはシャープな「分解能の高い SEM 像」を得ることができる。以下に具体的に説明する。

　図 2-16 は、一般的な SEM のレンズ系と対物絞りの構成、コンデンサーレンズの強さを変化させたときの電子線の経路を模式的に示したものである。コンデンサーレンズのレンズ作用を強くすると（**強励磁**）、電子線は大きく広がり絞りの孔を通過できる電子は少なくなるが

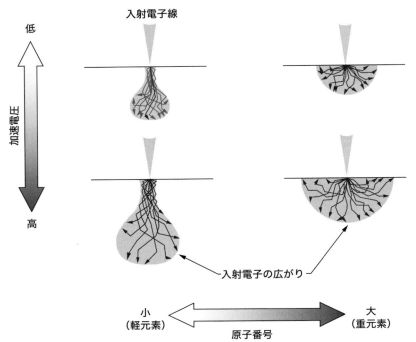

図 2-15　入射電子の広がりの違い（加速電圧と原子番号）

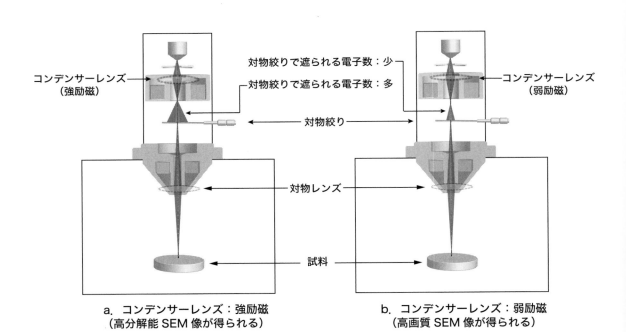

a. コンデンサーレンズ：強励磁　　　　b. コンデンサーレンズ：弱励磁
　（高分解能 SEM 像が得られる）　　　　（高画質 SEM 像が得られる）

図 2-16　コンデンサーレンズの機能

（図中a）、試料上に到達する電子線の径は細く絞られるためSEM像の分解能は向上する。反面、検出器に到達する信号量は減少し、ノイズが多くざらついた画像になる。一方、コンデンサーレンズのレンズ作用を弱めると（**弱励磁**）、電子線はそれほど広がらずより多くの電子が絞りを通過することができるため試料上に到達する電子線の径は太くなり、分解能は悪くなるが多くの信号が発生するため画質は向上し、ノイズの少ない滑らかな画像になる（図中b）。したがって、希望する倍率においてコンデンサーレンズの強さを変える必要がある。

　実際の二次電子像（試料: 砂の表面）でこの照射電流を変化させたときの画質変化を**図2-17**に示す。電子源は熱電子放出型電子銃（装置: 日本電子製EPMA JXA-8230型に使用されているタングステンフィラメントタイプ）を用いている。図中aはコンデンサーレンズの作用が弱い弱励磁の場合、図中bはコンデンサーレンズの作用が強い強励磁の場合の二次電子像である。なお、上段は比較的高い倍率、下段は比較的低い倍率の場合でそれぞれの比較を行っている。このとき、高い倍率の場合はコンデンサーレンズの作用を強くすると、図中bの上段に示す通りにシャープな分解能の高い二次電子像が得られ、低倍率ではコンデンサーレンズの作用が弱い方（図中aの下段）が滑らかな画質の良い二次電子像が得られる。このように、最適なSEM像を得るためには倍率に応じたコンデンサーレンズ作用の調整（照射電流の調整）が

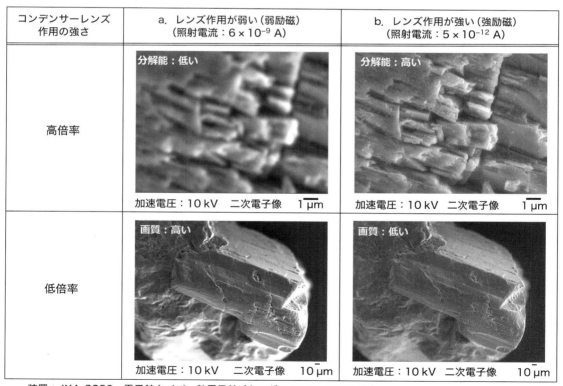

装置：JXA-8230　電子銃タイプ：熱電子銃（タングステンフィラメント）

図2-17　コンデンサーレンズの変化と画質

必要となる。

　また、詳細は3.2.2項で説明するが、特性X線を使った元素分析では、十分なX線の検出強度（カウント数）を得るため、ある程度の照射電流を必要とし、そのためコンデンサーレンズの作用を弱くする必要がある。特に、WDS（波長分散型エネルギー分光器）を用いた元素分析ではEDSよりも大きな照射電流を必要とするため、コンデンサーレンズによる照射電流の調整は頻繁に行う必要がある。コンデンサーレンズの調整による画質の変化は、電子銃の種類によっても異なるが、後に説明する加速電圧の設定と同様に、SEM像や分析結果の良否を左右するので、是非本書を一読後に実際に試すことをお勧めする。

※ 2.4　検出器の構造と各種信号の応用 ───────────────◆

　真空中から試料に照射された電子は、試料（固体）内での相互作用を経て、再度真空中に各種の信号として放出されることは2.2節で説明した。これらの信号のうち、SEM解析の中で特に多く用いられている二次電子および反射電子について、検出器の簡単な原理とともにそれぞれの電子を用いた際に得られる像（情報）について説明する。

2.4.1　二次電子の性質と二次電子検出器

　SEM観察で一番多く利用されるのが二次電子像である。その理由は、二次電子像により試料の表面形状を鮮明に観察することができるためである。ここではじめに、試料表面の凹凸と二次電子の発生量の関係について説明する。二次電子の発生量は試料の表面形状に影響を受け

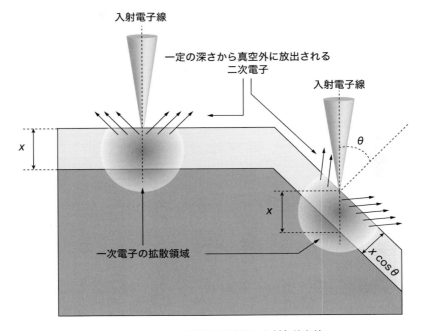

図 2-18　二次電子発生量の入射角依存性 1

ることが知られており、**図 2-18** にその様子を模式的に示す。試料の深さ x で発生した二次電子の試料表面までの最短距離は、入射電子が垂直に入射した場合は x であるが、入射電子の入射角が θ の角度で試料に入射した場合、垂直深さ x で発生した二次電子の試料表面までの最短距離は $x\cos\theta$ と x よりも短くなる。そのぶん、二次電子は放出しやすくなる。したがって、入射角 θ が増すと二次電子の発生量 I が増加して明るい SEM 像となる。この現象を式で近似すると式 (2-4) のようになる。K は定数である。このとき、試料表面の傾斜角度は入射角と同様に θ であり、傾斜角度が増大するとその放出量も増加することがわかる。

$$I \cong K\frac{1}{\cos\theta} \tag{2-4}$$

式 (2-4) の θ と I の関係を**図 2-19** に示す。このように二次電子によって形成される画像（二次電子像）は、試料の微細な表面構造（傾斜）に敏感であるため、ナノ構造解析に用いられる。**図 2-20** は黄鉄鉱の二次電子像で、斜面となる領域で二次電子像が明るくなっており、この現象をよく現している。つまり、各結晶面に対する電子線の入射角が異なるためにこのよう

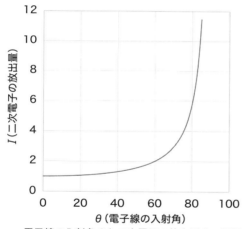

電子線の入射角 θ と二次電子の放出量 I の関係

図 2-19　二次電子発生量の入射角依存性 2

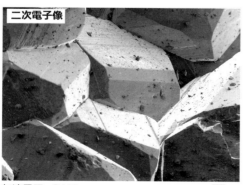

加速電圧：3 kV
試料：黄鉄鉱
100 μm

図 2-20　二次電子発生量の入射角依存性 3

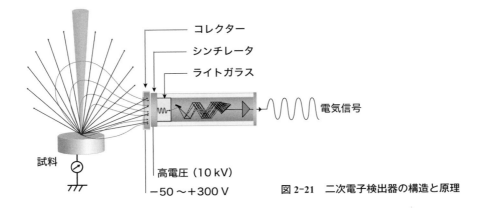

図2-21 二次電子検出器の構造と原理

な明暗のある画像となる。

　このような性質の二次電子を検出して電気信号に変換するのが**二次電子検出器**（E-T検出器とも呼ぶ）である[1]。この検出器の構造と原理を**図2-21**に示す。検出器の先端にはコレクターが設けられており、正のコレクター電圧が印加されている。一般的に二次電子はエネルギーが低く、負電荷を帯びた状態であるが、コレクター電圧が高いことによって、検出器の反対方向に放出された二次電子も含め、試料の全方位から放出された電子を引き込むことができ

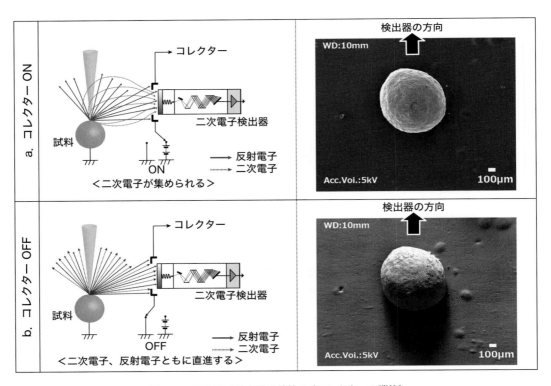

図2-22 二次電子検出器の特性1（コレクターの機能）

るようになり、結果として画像は陰のない無影照明効果の画像となる。

　図 2-22 は、二次電子検出器のコレクターの機能と、この機能が二次電子像に与える影響を示したものである。無影照明効果のものは図中 a にあたる。一方、この先端に印加されたコレクター電圧をオフにすると、二次電子と反射電子の中で検出器へ向かう直進成分のみが検出されて像形成されるので、一方向から照明したような陰影のある画像となる（図中 b）。また、二次電子や反射電子の発生源である試料と検出器の距離を変化させると、両者の性質の違いがさらによく理解できる。一般に、少しグレードの高い SEM では、ステージの高さ（Z 軸）を調整でき、ワーキングディスタンス（対物レンズと試料との距離）を変えることができる。

　ワーキングディスタンス（WD）を連続的に変化させたときの二次電子検出器による画像の変化を**図 2-23** に示す。図中 a は、検出器のコレクター電圧をオンにした場合の、ワーキングディスタンスと像の関係を示している。このとき、全領域で陰になっているところは見受けられない。一方、検出器の電圧をオフにした状態では、図中 b に示す通りワーキングディスタンスの値が大きくなるにつれて陰の部分が小さくなることがわかる。これは前述の通り、二次電子と反射電子の直進成分のみが検出されていることによるが、ワーキングディスタンスが長くなることで、試料表面のより多くの面積から発生した信号を検出できていることによる。

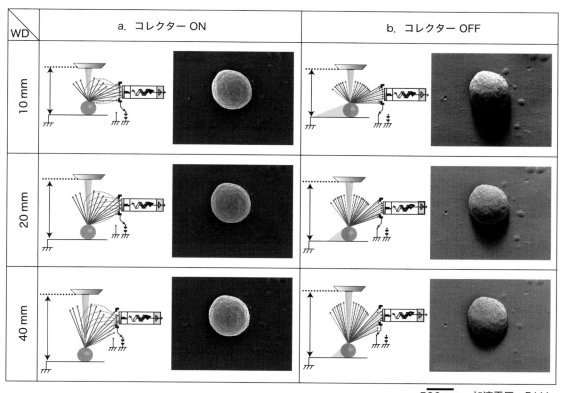

500 μm　　加速電圧：5 kV

図 2-23　二次電子検出器の特性 2（コレクターと WD の関係）

二次電子信号のラインプロファイル（中央部分）

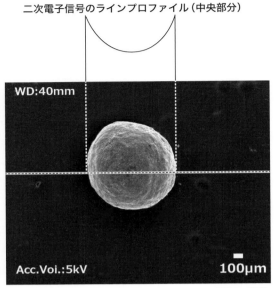

試料：顆粒　　**図 2-24　二次電子像の明るさのラインプロファイル**

　また、図2-23で使用したような球形の試料を二次電子で観察すると、**図2-24**で示したような、球体の周囲（赤道付近）が白く光った二次電子像が形成される。図中に示すグラフは、この球形の試料の二次電子像の中央部（点線で示す）の明るさのラインプロファイルを模式的に示したものである。図2-19で示したように、球体表面に対する電子ビームの入射角 θ は試料の中心から外側に向かって大きくなるため、二次電子の発生量が急激に増加するようになる。これが二次電子像の特徴となる。この現象は、試料の形状によっては検出器との位置関係でも大きく影響する。

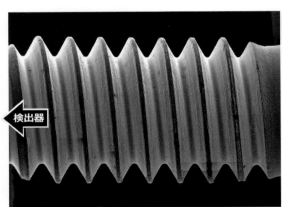

a. 試料の長手方向と検出器が平行

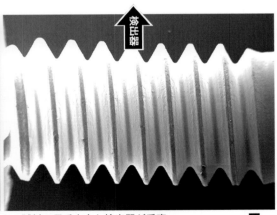

b. 試料の長手方向と検出器が垂直

試料：ネジ　　二次電子像　　加速電圧：15 kV

図 2-25　試料形状と検出器の位置関係

　図 2-25 は金属製のネジの二次電子像である。図中の矢印は二次電子検出器のある方向を示している。図中 a は検出器が画面の左方向にある。このときは、このネジの二次電子像のコントラストが均一になっている。一方、図中 b は検出器が画面の上方向にある場合で、このときのネジの二次電子像は、検出器側が極端に白く飽和したコントラストになっており、試料の表面全体を均一なコントラストで観察することが難しくなっている。このように、繊維状または、溝の側壁などの構造を詳細に観察するときには、試料の形状と二次電子検出器との位置関係をあらかじめ考えてステージの位置を決めることが重要となる。

　また、SEM の二次電子像の代表的な特徴として**エッジ効果**がある。**図 2-26** はその原理を模式的に説明した図である。粉体のエッジ部や針状結晶の先端など尖った構造の端部（エッジ）は、図に示すように二次電子の発生量が増加する。このとき、端部は白く透き通ってみえる。さらに、加速電圧が高くなると、入射電子は試料内へより深くに拡散することになり、二次電子の発生量はさらに増えるため、この現象は顕著になる。これをエッジ効果と呼ぶ。さらに、同じ加速電圧でも軽元素で構成されている試料ではより深い位置まで入射電子は進入するため、エッジ効果のコントラストがより強く現れる。

　図 2-27 にエッジ効果の実例を示す。図中 a の試料は備長炭で上段は加速電圧 3 kV、下段は 15 kV で観察した二次電子像である。上段の 3 kV では多数ある孔の周囲の細胞の境界と思わ

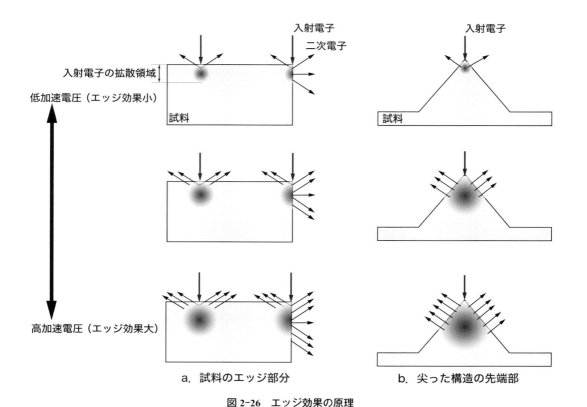

図 2-26　エッジ効果の原理

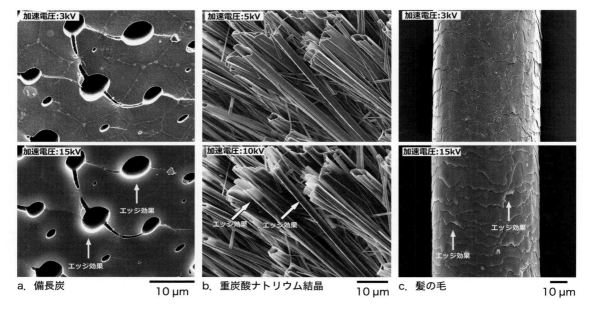

図 2-27　エッジ効果の例

れる線が確認できる。一方、下段の15kVでは細胞の境界線の確認が難しくなり、孔の周囲が白いエッジ効果で覆われている。また、図中bの試料は重炭酸ナトリウムの針状結晶の二次電子像である。上段は加速電圧5kV、下段は10kVである。加速電圧が高くなると針状結晶の先端がエッジ効果で白く透けている。同様にcは髪の毛で上段は加速電圧3kV、下段は15kVの場合である。下段の加速電圧15kVでは同3kVと比べて板状のキューティクルの先端が白いコントラストとなっている。これもエッジ効果の一種である。このエッジ効果が増大すると試料の最表面の観察が困難になるため、必要以上に高い加速電圧では観察しないようにすることが望ましい。特に、有機物など軽元素で構成された試料には注意が必要となる。

2.4.2　反射電子の性質と反射電子検出器

　反射電子は2.2節で述べた通り、入射電子が試料内で弾性散乱を繰り返す過程で再び試料表面から真空中へ放出されたもので、後方散乱電子とも呼ばれている。この電子は二次電子に比べ、高いエネルギーを持つとともに比較的試料内部の情報を持っている。反射電子の強度は試料の原子番号の増加に伴いほぼ単調に増加する。このため、反射電子によるSEM像（**反射電子像**）は、組成の異なる領域を異なるコントラストとして表現することができる。また、反射電子は入射角に対して鏡面反射方向（入射角と等しい反射角）に強度が高く、一方向より照明を当てた効果を示し、試料表面の凹凸情報も含んでいる。このことは図2-22aで示した二次電子像では無影観察となることとは対照的である。

　反射電子の検出器は、直進性の高い反射電子を効率的に検出するために試料の直上に配置す

図 2-28　反射電子検出器の配置

る。また、試料の組成や凹凸の違いによる放出効率の違いを演算処理で分離するために、この検出器は**図 2-28** に示すような 1 対の半導体素子 A, B で構成されている。これによって前述の試料の組成情報と凹凸情報を分離し、**反射電子組成像**と**反射電子凹凸像**として独立な画像が得られる。その原理は次のようになる。

　図 2-29 は図 2-28 で示した検出器の信号の演算方法を説明したものである。検出器 A および検出器 B の信号強度を足し算すると、組成信号が強調され凹凸信号は除去される。一方、両者の信号強度を引き算すると凹凸信号が強調され組成信号は除去される。実際の試料で得ら

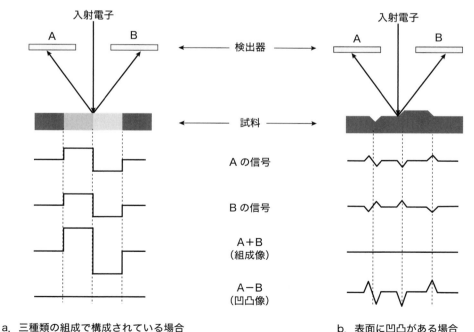

図 2-29　反射電子検出器の信号処理

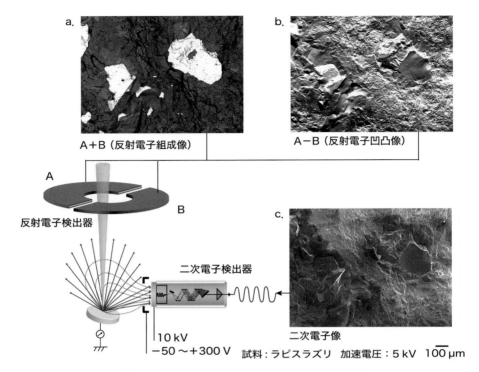

図 2-30　反射電子検出器による組成像および凹凸像

れた反射電子組成像および凹凸像を**図 2-30** に示す。なお、比較のために同じ場所の二次電子像も示してある。試料は鉱物（ラピスラズリ）である。反射電子組成像（図中 a）では、組成の違いに相当する二つの階調がコントラストとしてみられる。したがって、既知の材料の混合物（合金、メッキの断面など）であれば、反射電子組成像のコントラストから構成要素ごとの分布状態を画像より知ることができる。これは反射電子組成像が元素分析の前段階のデータとして有効であることも示している。凹凸像（図中 b）では組成情報が打ち消され、一方向からの照明による凹凸の画像となっており、結晶粒ごとに凹凸があることが陰の方向で判断できる。このように、どちらの反射電子像も二次電子像とは得られる情報が異なっている。

　なお、ここでは二分割の反射電子検出器を例に説明したが、最近では四分割やそれ以上の検出器を備えたものや、反射電子像で試料の三次元画像を構築することができるものもある。

　反射電子組成像で形成された像が、試料を構成する元素の原子番号を反映した、**原子番号コントラスト（組成コントラスト）**であることを示す理由（しくみ）を以下に説明する。**図 2-31** に、反射電子の放出機構を模式的に示した。弾性散乱電子のうち、入射時のエネルギーを保ったまま真空外に再び放出される電子が反射電子となる。この反射電子の反射効率 η は式 (2-5) で表せる。なお、Z は原子番号である。

$$\eta = \frac{0.045\,Z - 1 + 0.5^{0.045Z}}{0.045\,Z + 1} \quad (Z < 40) \tag{2-5}$$

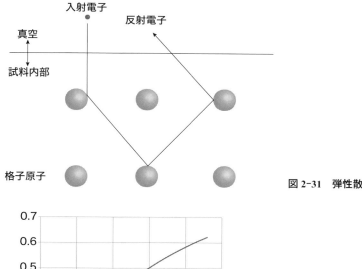

入射電子

反射電子

真空

試料内部

格子原子

図 2-31　弾性散乱過程（反射電子の放出）

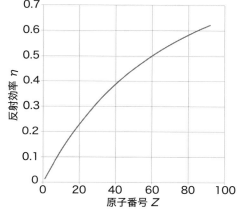

図 2-32　反射電子の放出量の原子番号依存性 1

この式における Z と η の関係を図 2-32 に示す。反射電子の反射効率 η は、原子番号 Z の増加に対してほぼ単調に増加していくことがわかる。このグラフより、原子番号の異なる複数の物質で構成される試料で反射電子像を観察すると、原子番号の大きな物質で構成された部分が他の部分に比べて明るくなることが推測できる。

　次に、実際の試料で原子番号コントラストの検証を行った例を紹介する。実際の試料では、単独の元素で構成された材料は少なく、いくつかの元素で構成された化合物として材料を構成している場合が大半である。そこで、このときの材料の原子番号を、式 (2-6) に示す平均原子番号（Z_{av}）として考える方法がある。C_i は原子量である。

$$Z_{av} = \sum_i C_i Z_i \tag{2-6}$$

表 2-3 に、式 (2-6) を用いて酸化マグネシウムの平均原子番号を計算した例を示す。

　次に、原子番号コントラストの検証用試料として酸化アルミニウム（Al_2O_3）、酸化チタン（TiO_2）、酸化亜鉛（ZnO）の三種類の粉体を混ぜ合わせたものを、シリコンウェーハ上にできるだけ均一に分散させた試料を準備した。図 2-33 にその反射電子組成像と元素マッピング

表 2-3　酸化マグネシウムの平均原子番号：Z_{av}^{MgO}

	原子番号	原子量
Mg	12	24.31
O	8	16

$$Z_{av}^{MgO} = \sum_i C_i Z_i = C_{MgO}^{Mg} \times Z_{Mg} + C_{MgO}^{O} \times Z_O$$

$$= 12 \times \frac{24.31}{24.31+16} + 8 \times \frac{16}{24.31+16} = 10.4$$

表 2-4　三種類の粉体（酸化物）の平均原子番号

試料名	平均原子番号
Al_2O_3	10.65
TiO_2	16.39
ZnO	25.67

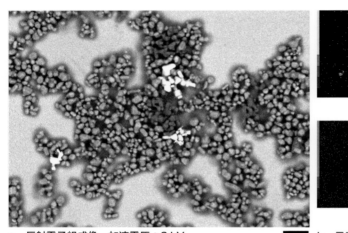

a.　反射電子組成像　加速電圧：3 kV　　1 μm

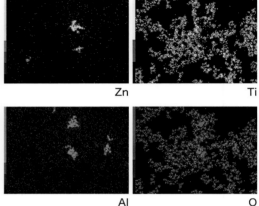

b.　元素マッピング像　加速電圧：15 kV　　3 μm

図 2-33　反射電子の放出量の原子番号依存性 2

像を示す。いちばん明るいコントラストの粒子が酸化亜鉛、中間が酸化チタン、いちばん暗い粒子が酸化アルミニウムであることが、元素マッピング像と反射電子組成像の対比から判断できる。**表 2-4** は、式（2-6）で示した計算式より求めたこれらの粉体試料の平均原子番号である。この計算結果から、三種の粉体試料の平均原子番号の大小関係は 酸化アルミニウム ＜ 酸化チタン ＜ 酸化亜鉛 である。これらの結果を**図 2-34** にまとめて示す。表 2-4 に示した平均原子番号の計算結果を、式（2-5）のグラフ上にそれぞれプロットすると、平均原子番号が増加すると反射電子効率はほぼ単調に増加することが確認できる。

　さらに、反射電子組成像は組成以外の情報が現れることがある。**図 2-35** は 1 章で取り上げたセラミックス（チタン酸ストロンチウム）の割断面の反射電子組成像である。一般に、多結晶のセラミックスの劈開面やスパッタなどのコーティング膜の表面を反射電子像で観察すると、組成が均一なのに結晶粒界ごとに違ったコントラストを示す試料がある。これは、結晶粒界ごとの結晶方位の違いにより、反射電子の放出量が変化することに起因する。このように、SEM 像上にみられる結晶粒界ごとの明るさの違いは、**チャンネリングコントラスト**と呼ばれる。この現象が、原子番号コントラストでなくチャンネリングコントラストであることを確か

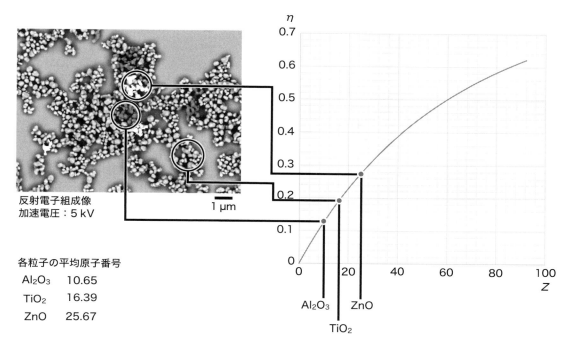

反射電子組成像
加速電圧：5 kV

各粒子の平均原子番号

Al$_2$O$_3$	10.65
TiO$_2$	16.39
ZnO	25.67

図 2-34　反射電子の放出量の原子番号依存性 3

めるには、電子ビームの入射角（ステージの傾斜）を変えるか、あるいは電子線の波長（加速電圧）を変えて像観察をすればよい。つまり、もし原子番号コントラストであれば、これらの条件変化による粒界間の相対的なコントラストの変化はないはずである。一方、チャンネリングコントラストであれば観察条件を変えたことによってブラッグ条件が変化して、結果として粒界ごとの相対的なコントラストが変化する。

　図 2-35 中に示した反射電子組成像は、すべて同じ場所で加速電圧および電子線の入射角度（ステージの傾斜角）を変えたときの画像であるが、いずれもダイナミックに粒界コントラストが変化しているのがわかる。つまり、これら像の違いはチャンネリングコントラストということになる。さらに、このコントラストは、試料の最表面に研磨などの加工による結晶ひずみが残っていると現れない。この場合、材質（例えば金属など）によって方法は異なるが、イオンエッチングや化学エッチングあるいは電解研磨などの方法により、研磨時の加工ひずみを除去する必要がある。もちろん、このときに白金や金などの重金属をコーティングしてしまうとこのコントラストを観察することができなくなる。

　一方、試料が絶縁物の場合は、電子線の吸収が少ないカーボン膜をできる限り薄くコーティングして観察する必要がある。最近では、自動的かつ定量的にこの情報を取得して、多結晶試料の結晶方位分布などの結晶解析を行う EBSD（電子後方散乱解析装置）[2] が、SEM のアタッチメントとして用意されている。

　そして、もう一つの反射電子の応用が凹凸像の観察である。

加速電圧：5 kV　試料傾斜：0°

加速電圧：5 kV　試料傾斜：1°

試料：チタン酸ストロンチウム　反射電子像　10 μm

加速電圧：3 kV　試料傾斜：0°

図 2-35　チタン酸ストロンチウム焼結体に現れた
チャンネリングコントラスト

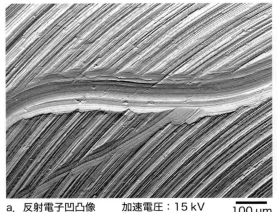
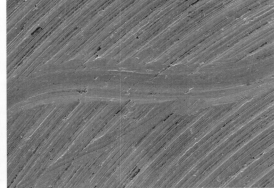

a.　反射電子凹凸像　　　加速電圧：15 kV　　100 μm

b.　二次電子像　　　加速電圧：15 kV　　100 μm

図 2-36　反射電子凹凸像の特徴

　図 2-36 は真鍮のフライス加工面の同じ場所を同じ倍率で、反射電子凹凸像および二次電子像として観察した例である。図中 a は反射電子凹凸像で、加工による筋状の凹凸が鮮明にみられる。一方、図中 b は二次電子像であり、筋状の加工痕はみられるが凹凸状況はほとんど認

識できない。特に、中央部を横切る浅い溝の存在は図中 b の二次電子像ではほとんど認識で
きないが、反射電子凹凸像では明確にその存在を確認することができる。このように、反射電
子凹凸像は陰の付き方から、二次電子像ではわかりにくい表面の凹凸状況を理解することがで
きる（付録 3 参照）。

　以上のように、反射電子凹凸像は、二次電子像に比べて高い倍率での微細な構造観察には不
向きであるが、加工痕や破断面などの比較的大きな凹凸評価に適している。

※ 2.5　加速電圧を使いこなす

　2.1.2 項で加速電圧を印加する機構について説明した。加速電圧が変化することにより種々
の興味深い現象が SEM 像上に現れる。これは入射した電子が試料内部へ潜り込む深さが変わ
ることによる。このような現象に対応できるように、通常の SEM は加速電圧を何段階か変え
られるようになっている。ハイエンド SEM（p. 61 のコラム 2 参照）になると、低い加速電圧
では 0.1 kV ステップで変えることが可能で、より試料の最表面の観察ができる機種もある。
しかし、SEM ユーザーは比較的使いやすい加速電圧である 15 kV 程度で固定して SEM を
使っている場合が多い。このような背景から、ここではこの加速電圧を使いこなすことで、よ
り多くの試料情報が得られることについて説明する。これは 2.1.6 項で述べた非点収差の補
正、4 章で説明する試料作製法と並んで、SEM の使いこなしの最大のキーポイントとなる。

2.5.1　加速電圧変化が SEM 像に与える影響

　図 2-37 は、加速電圧の変化に伴い SEM 像の分解能が変化する様子を示している。試料は
サファイア上にスパッタリング法により成長させた柱状構造の酸化亜鉛結晶の膜で、図中 a は
加速電圧が 3 kV、b は 30 kV で観察した二次電子像である。両者を比較すると、明らかに加

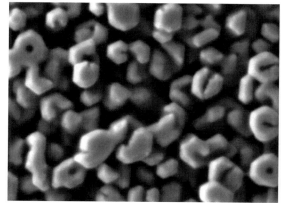
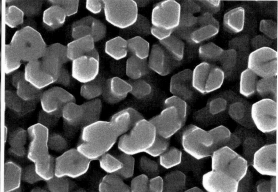

a.　加速電圧：3 kV

b.　加速電圧：30 kV

0.5 μm

試料：サファイア上の酸化亜鉛膜　　　　二次電子像　　　　データ提供：東京電機大学 六倉信喜先生、篠田宏之先生

図 2-37　加速電圧が SEM 像に与える影響

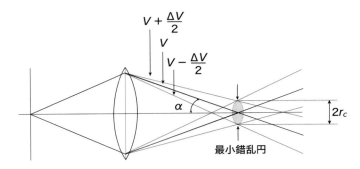

最小錯乱円

図 2-38　色収差

速電圧 30 kV の方がシャープな高い分解能の SEM 像が得られている。これは、低い加速電圧では電子のエネルギーのばらつき、すなわち加速電圧のばらつきが大きくなり色収差が大きくなってボケが生じるためである。式 (2-7) に色収差の程度を表した式を、また、色収差によるボケの広がりの幅 r_c を図 2-38 に示す。

$$r_c = C_c \frac{\Delta V}{V} \alpha \tag{2-7}$$

ここで r_c は最小錯乱円の半径でもある。なお、この r_c がここでは色収差の程度の指標となる。V は加速電圧 [V]、ΔV は加速電圧のばらつきで、電子銃の性能によって異なる。C_c [mm] は色収差係数と呼ばれ、ワーキングディスタンスが長くなるほど増大する。この色収差は、加速電圧 V が低い場合では、電子銃から放出された電子の電圧のバラツキである ΔV の V に対する割合が大きくなり、SEM 像にボケが生じて分解能が低下することを示している。

　一方、高い加速電圧では ΔV の V に対する割合が小さくなることにより色収差が小さくなって、同じ倍率でも分解能は向上し像はシャープになり高い倍率まで観察可能となる。この点のみを考えると高い加速電圧の方が優位と考えられる。しかし、加速電圧の変化による SEM 像への効果はこの分解能（すなわち像のシャープさ）の変化だけではない。加速電圧の大小により試料内部への電子の進入深さが変わるため、そこから発生する二次電子や反射電子により形成された SEM 像に含まれる試料の深さ情報が大きく変化し、加速電圧を固定して使っているときはわからなかった情報を得ることができるようになる。以下にその検証と効果について説明する。

2.5.2　入射電子の進入深さ測定用試料の作製

　図 2-13 でも説明した通り、試料内部に進入した電子は深さ方向へ拡散される。その際、加速電圧の変化や試料を構成する平均原子番号の違いによって試料内部への広がり方も変わる。それに伴って、SEM 像に現れる情報もダイナミックに変わってくる。そのため、入射電子の進入深さを知ることは、SEM 像に含まれる深さ情報を理解する上で重要なポイントとなる。そこで、以下の手順で実験を行い入射電子の進入深さの見積もりを行った。

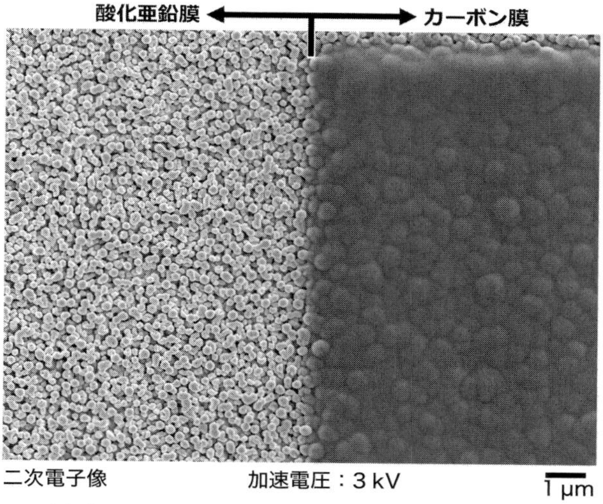

二次電子像　　　　　　加速電圧：3 kV　　　　1 μm
データ提供：東京電機大学 六倉信喜先生、篠田宏之先生

図 2-39　酸化亜鉛膜上にデポジション
　　　　　されたカーボン膜

　この見積もりに用いた試料を図 2-39 に示す。これは、図 2-37 と同じサファイア上の酸化亜鉛膜に、一定の厚みのカーボン膜を FIB-SEM[3]（付録 4 参照）を用いて成膜（デポジション）した試料である。図中の上の矢印で示す通り、左側は酸化亜鉛膜そのものの表面で、右側は FIB-SEM により成膜されたカーボン膜である。この試料を、加速電圧を 1 kV ステップで増加させて、同じ場所の SEM 像を観察した結果を図 2-40 に示す。比較的低い加速電圧ではカーボン膜の表面の凹凸が観察できるが、加速電圧が 7 kV 以上になると徐々に下地の酸化亜鉛膜の結晶の形状がカーボン膜を透過して確認できるようになる。このとき、カーボン膜の厚みがわかれば入射電子のカーボン膜に対する進入深さをある程度定量的に見積もることができる。この試料上のカーボン膜の厚さは、カーボン膜の成膜に用いた FIB-SEM（図 2-41）を使用して測定した。

　図 2-42 は FIB-SEM による断面加工-観察の結果を示す。図中 a は、加工前の酸化亜鉛膜表面に成膜されたカーボン膜表面の SEM 像である。酸化亜鉛膜表面に、電子線とフェナントレンの反応で成膜されたカーボン膜を含む場所に加工ラインを設定した後に、FIB-SEM による断面加工を行った。なお、このときは加工前に観察面を Ga イオン照射から保護するためにイオンビームによるカーボン膜（Ga を含む）の成膜を行っている。断面加工された部分の二次電子像を図中 b に示す。試料傾斜は 53° である。この SEM 像からカーボン膜は 0.25 ～ 0.5 μm であることがわかった。この結果と図 2-40 に示すカーボン膜の SEM 像から、カーボン中の電子線の進入深さと加速電圧との関係が推測できる。その結果、およそ加速電圧 5 ～ 8 kV で、0.25 ～ 0.5 μm のカーボン膜の底部まで入射電子が到達したことが推測できる。さらに、電子線の進入深さは次の 2.5.3 項で説明する飛程として定義されており、数式によって近似することができる。そこで、酸化亜鉛膜上のカーボン膜による実験結果とこの飛程の式を用いる

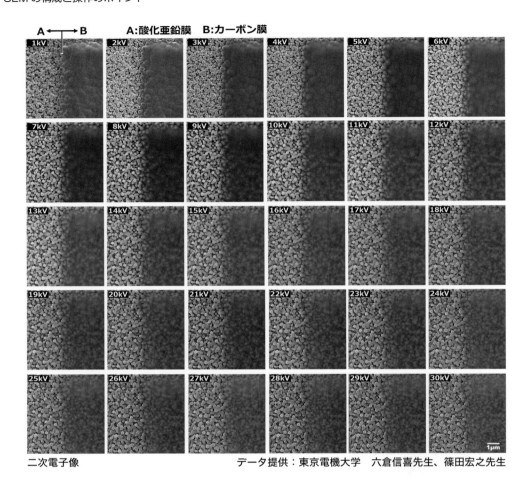

二次電子像　　　　　　　　　　データ提供：東京電機大学　六倉信喜先生、篠田宏之先生

図 2-40　一次電子の潜り込み深さの検証（加速電圧依存性）

ことにより、さらに正確な電子線の進入深さの推測を行った。その結果を次項で詳しく説明する。

2.5.3　入射電子の試料内への進入深さの見積もり

入射電子の散乱過程は次のように説明できる。入射電子の試料内の散乱過程は弾性散乱と非弾性散乱過程の二種類があり、このうち弾性散乱過程においては前出の通り反射電子の放出に関与している。一方、非弾性散乱過程では二次電子の放出に関与している。**図 2-43** は入射電子の試料内での非弾性散乱過程を示す。入射電子は、進入した試料内の格子原子と衝突し原子核の周りの軌道にある電子を励起しながら、それ自身は徐々にエネルギーを失っていく。このとき、入射電子が最終的に到達する表面からの垂直距離（深さ）を、**図 2-44** に示すように**投射飛程**と呼ぶ。また、表面における電子の入射位置から電子の到達地点までの直線距離を**ベクトル飛程**、そして、実際に電子が通った経路の長さを**線形飛程**と呼ぶ。このうち、投射飛程の

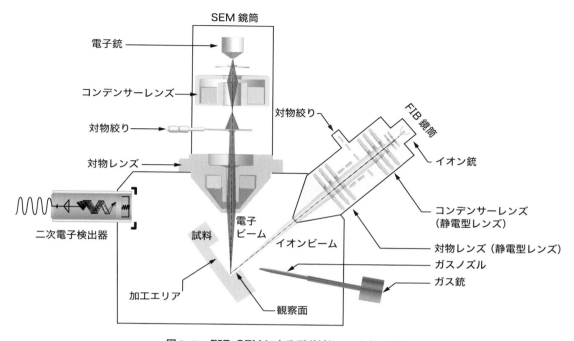

図 2-41　FIB-SEM によるデポジションと加工機能

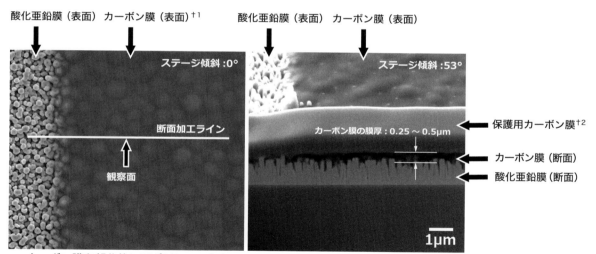

a. カーボン膜を部分的にデポジションした　　b. FIB により断面加工された酸化亜鉛膜
　 酸化亜鉛膜

　†1：電子ビームによりデポジションされたカーボン膜
　†2：ガリウムイオンビームによりデポジションされた保護用カーボン膜（ガリウムを含む）

　試料：サファイア上に成膜した酸化亜鉛膜　二次電子像　加速電圧：5 kV
　データ提供：東京電機大学　六倉信喜先生、篠田宏之先生

図 2-42　一次電子の潜り込み深さの検証 1（試料の用意）

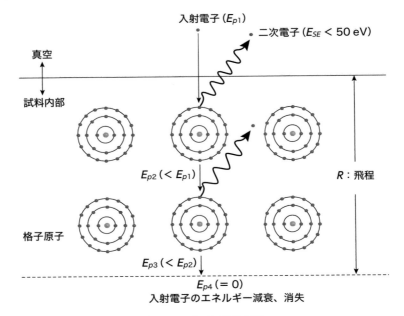

図 2-43　非弾性散乱過程

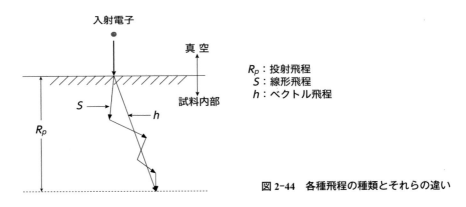

図 2-44　各種飛程の種類とそれらの違い

距離 R_p［μm］を求めるための式は複数提案されており、その一つを式（2-8）に示す。E_0 は電子のエネルギー［eV］、ρ は密度［g/cm³］である。これはトンプソン-ウインディクトンの式[3]と呼ばれている。

$$R_p \cong 2.1 \times 10^{-12} \times \frac{(1000 \times E_0)^2}{\rho} \times 10^4 \,[\mu m] \tag{2-8}$$

非弾性散乱過程で原子核からの束縛を断ち切って自由になった一部の電子は、試料表面に到達する。そして、このときに真空準位を超えるエネルギーを保有した電子が、試料表面から離脱して真空中に放出される。この放出された電子が二次電子である。一般に二次電子の脱出深さは 1〜10 nm 程度である。

　図 2-45 は、入射電子のエネルギーを横軸にとり、式（2-8）を用いて求めたカーボン（炭

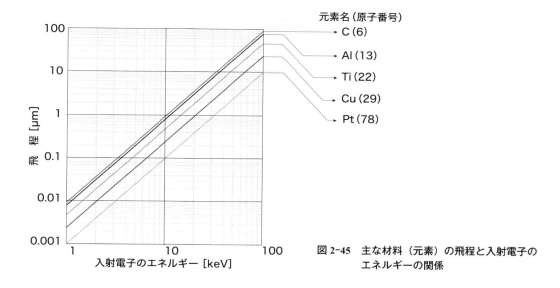

図 2-45　主な材料（元素）の飛程と入射電子の
エネルギーの関係

素）、アルミニウム、チタン、銅および白金の投射飛程を縦軸にとったグラフである。このとき、横軸の入射電子のエネルギーは、例えば電子を 1 V の電圧で加速した場合は 1 eV となり、2 kV で 2 keV となる。

　以上のように、電子のエネルギー、つまり加速電圧が高いほど、また、原子番号が小さいほど投射飛程は大きくなる。すなわち、入射電子が試料のより深い位置まで到達することがわかる。同様に式 (2-8) を用い、前述の酸化亜鉛膜上のカーボン膜に対する入射電子の進入深さと加速電圧の関係を見積もった結果を以下に示す。

　図 2-46 は、図 2-40 中の変化が顕著な（カーボン膜を透過して下地の酸化亜鉛の構造がみえ始める）加速電圧を選んで拡大したものである。SEM 像上の ○ で囲んだ部分を比較すると、加速電圧が低いときでは試料表面のカーボン膜の凹凸（大きさ 0.5 〜 0.8 µm 程度の粒子状）が確認できるが、加速電圧が高くなるごとにカーボン膜の下の部分の酸化亜鉛膜の柱状結晶（大きさ 0.2 µm）が次第にはっきりと確認できるようなる。加速電圧が高くなると、入射電子の試料内への進入深さが大きくなることで電子線が酸化亜鉛膜まで届き、そこで発生した反射電子や二次電子が散乱を繰り返して真空中に放出されたものが検出されて SEM 像となっている。

　ここで、このときの入射電子の進入深さを実験結果と飛程の式で比較した。図 2-46 より、表面からの観察では加速電圧が 5 〜 8 kV で酸化亜鉛の構造が確認できる。したがって、入射電子のエネルギーが 5 〜 8 keV で実際に試料表面のカーボン膜の底の酸化亜鉛膜に電子が到達していることがわかる。

　この結果と比較するために、図 2-45 のグラフ中のカーボンを用い、このグラフだけを改めて抜き出した（**図 2-47**）。このグラフから、5 〜 8 keV での入射電子の飛程はおよそ 0.25 〜 0.5 µm 近辺であることがわかる。前述の通り、カーボンの膜厚は FIB-SEM の測定結果から

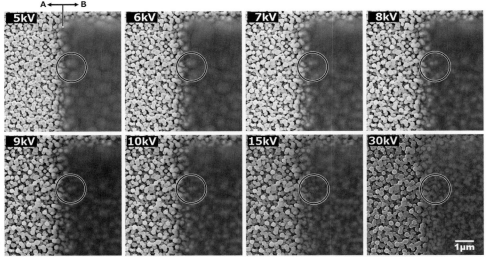

試料：サファイア上の酸化亜鉛膜　　　　データ提供：東京電機大学 六倉信喜先生、篠田宏之先生

図 2-46　カーボン膜での検証

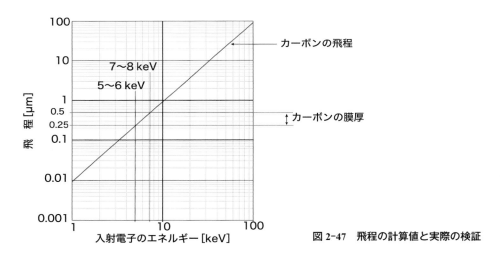

図 2-47　飛程の計算値と実際の検証

0.5〜0.8 μm であることがわかっている。したがって、実測および計算の結果は一致しており、式 (2-8) を利用したカーボンの膜厚見積もりはおおむね正しいことがわかる。

　このように、加速電圧を細かく変化させ、試料の表面観察をすることで深さ方向の情報をある程度推測することが可能となる。さらに、材質がわかっていれば式 (2-8) を用いることである程度定量的な推測ができる。また、計算式に基づいて作成されたモンテカルロシミュレーションを用いた電子線の進入深さを見積もるソフトもある（フリーソフトも供給されている）。これらのソフトを利用する場合は、材質、加速電圧、入射電子の個数などを入力する必要がある。

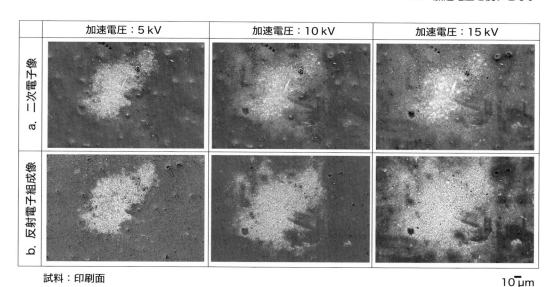

<table>
<tr><td></td><td>加速電圧：5 kV</td><td>加速電圧：10 kV</td><td>加速電圧：15 kV</td></tr>
</table>

a. 二次電子像

b. 反射電子組成像

試料：印刷面 　　　　　　　　　　　　　　　　　　　　　　　　10 μm

図 2-48　加速電圧変化と深さ情報 1（印刷面）

2.5.4　加速電圧を変えて観察することのメリット

これまで多くの紙面を割いて加速電圧と入射電子の試料への進入深さの関係を説明してきたのは、加速電圧が SEM 像に与える影響が大きいためである。次に、この影響を確認するためのいくつかの実例を説明する。

図 2-48 に、印刷した紙の表面の加速電圧変化による SEM 像の変化を示す。図中 a は二次電子像、図中 b は反射電子組成像である。比較的低い加速電圧では、二次電子像および反射電子像ともに表面の凹凸状態が明瞭に確認できる。一方、加速電圧が増加すると、顔料と思われる粒子分布がより顕著に多く確認できるようになる。また、同じ加速電圧でも反射電子像の方が顔料の分布が明確に観察できている。これは、顔料が試料の深さ方向にも分布しており、高い加速電圧では試料内部の顔料も観察されているためである。また、図 2-14 で示した通り、二次電子よりも反射電子の方がさらに深い位置から発生するために、試料の深い位置に分布する顔料が明瞭に観察できていることがわかる。

図 2-49 はスポンジの観察例であり、左上から矢印の方向に従って加速電圧を下げて二次電子で SEM 像を取得している。なお、下左端は同じ場所の光学顕微鏡像である。比較的高い加速電圧での SEM 像や光学顕微鏡像では、スポンジは小さなセルの集まりであり、多角形のフレームで囲まれていることがわかる。また、低い加速電圧では、フレームに囲まれたセルのいくつかが薄い膜で覆われているのが観察できる。この薄い膜は、光学顕微鏡像や高い加速電圧の二次電子像では透過してしまい、明瞭に確認できない。このように、この試料の場合は加速電圧を変化させることによって、表面情報から内部情報まで変化に富んだ情報が得られている。

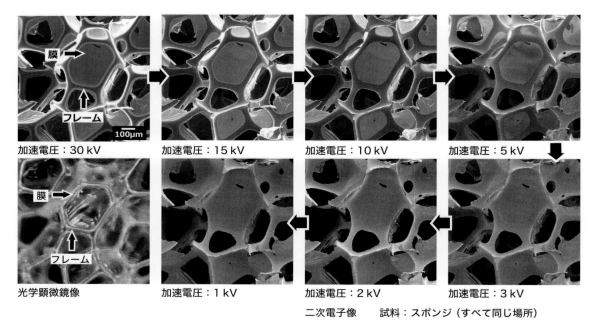

加速電圧：30 kV　　　加速電圧：15 kV　　　加速電圧：10 kV　　　加速電圧：5 kV

光学顕微鏡像　　　　　加速電圧：1 kV　　　加速電圧：2 kV　　　加速電圧：3 kV

二次電子像　　　試料：スポンジ（すべて同じ場所）

図 2-49　加速電圧変化と深さ情報 2（スポンジ）

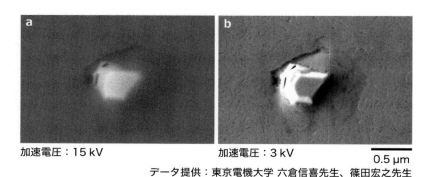

加速電圧：15 kV　　　　　　加速電圧：3 kV

データ提供：東京電機大学 六倉信喜先生、篠田宏之先生

図 2-50　加速電圧と深さ情報 3（サファイア上の GaN 膜）

　図 2-50 は、サファイア上にスパッタされた GaN の膜である。加速電圧を 15 kV（図中 a）と 3 kV（図中 b）に変化させたときの比較であり、3 kV の像ではピット状の突起の形状や表面全体に微細なステップが分布していることが確認できる。しかし、15 kV の場合はピット状の突起の形状が比較的平面にみえる。また、微細なステップはほとんど確認することができない。

　図 2-51 はアルミナ焼結体の割断面の二次電子像で、この場合も加速電圧を段階的に変化させて観察している。表面のステップに注目すると、加速電圧 5 kV で最も鮮明に確認できるが、加速電圧を増加させていくとその構造が不鮮明になっていくことがわかる。

　さらに、もう一つの加速電圧変化の例として、シリコンウェーハ上に分散した酸化チタン粒

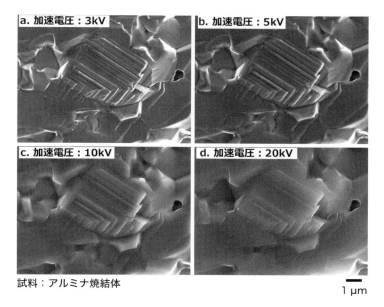

試料：アルミナ焼結体

1 μm

図 2-51　加速電圧と深さ情報 4（アルミナ焼結体）

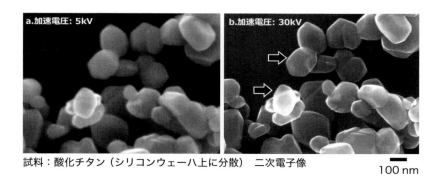

試料：酸化チタン（シリコンウェーハ上に分散）　二次電子像

100 nm

図 2-52　加速電圧変化と深さ情報 5（酸化チタン粒子）

子を**図 2-52** に示す。図中 a は加速電圧 5 kV、図中 b は 30 kV のときのそれぞれの二次電子像である。図中 b の矢印で示す位置について、2 つの粒子が重なっている部分をよくみると下側の粒子の輪郭が確認できる。これに対して図中 a の同位置では、そのようなことは確認できない。このことにより、加速電圧が 30 kV では粒子径が 100 nm 程度の酸化チタンの粒子を電子線が透過して裏側まで到達していることがわかる。

　以上より、加速電圧が増加すると分解能が向上する一方で、入射電子が試料の深い位置まで到達するようになるため、二次電子像でも試料の奥から発生した信号の影響を受けることになり、試料の最表面状態を観察できなくなることがわかる。半面、高い加速電圧で観察することにより試料の内部情報が得られる場合もある。このことから、加速電圧の選択には観察する目的に合わせた試行錯誤が重要であることがわかる。

※ 2.6　外部環境の変化による像の乱れ ─────────────◆

　　SEM をはじめとする各種の電子顕微鏡は、納入時に磁場や振動など外部要因の影響の有無を慎重に調査した上で納入場所を決めている。しかし、納入当初は問題なくても、外部環境の変化で像の乱れ（エッジの揺れ）が納入当初より大きくなることがしばしばある。このような事態が発生した場合には、第一に原因究明が必要となる。SEM 像のエッジが揺れている場合でも、磁場によるものか、振動によるものか、あるいは両者の複合によるものか、もしくは装置のトラブルかの判断は難しい。さらに、パソコンや携帯電話などの磁場を発生する機器を鏡筒に近づけただけで像が乱れてしまうこともある。まず最初に、試料の固定の不備やステージのチャージアップがないかなど、装置そのものや試料作製に原因がないことを確認すべきである。

　　図 2-53 にこれら外乱による像の乱れの例を紹介する。これは鏡筒の近くにパソコンの電源を置いたときに現れたエッジの揺れを示している。このような単純なことは各ユーザーが確かめることができる。SEM は高価な装置である。ちょっとした外部環境の影響で性能が発揮できなくなるような事態はくれぐれも避けるようにしたい。

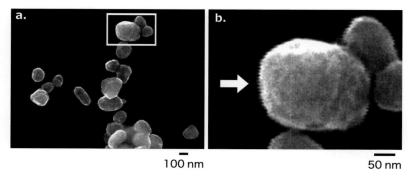

試料：酸化チタン　二次電子像　加速電圧：15 kV

図 2-53　外乱による SEM 像の乱れ

※ 2.7　ステージの傾斜および回転 ──────────────◆

　　本章の最初に説明した通り、SEM の最大の特徴の一つである「深い焦点深度」が生かせるように、SEM の試料ステージは X, Y 軸の平面方向の移動のみでなく、傾斜や回転、さらにはワーキングディスタンス（Z 軸、つまり対物レンズ下部と試料の表面までの距離）を変えることができるようになっている場合が多い（**図 2-54**）。これらの機構を活用することにより、焦点深度のコントロール、水平観察だけでは得られない試料の形体情報などを得ることができる。

　　図 2-55 はグルタミン酸ソーダの水溶液を試料ホルダー上に滴下して結晶化させた試料の二次電子像である。このときには、ステージの傾斜を段階的に変えて観察している。このように

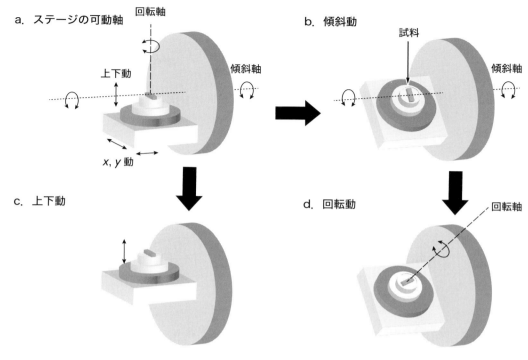

図 2-54　試料ステージの動き

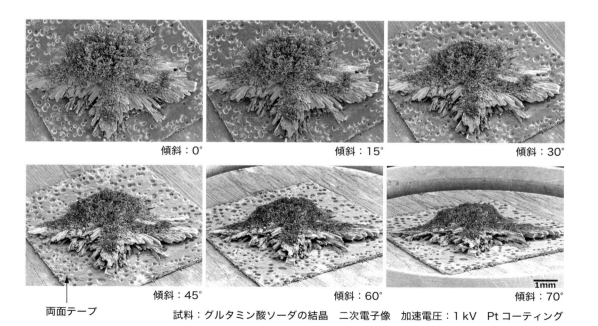

試料：グルタミン酸ソーダの結晶　二次電子像　加速電圧：1 kV　Pt コーティング

図 2-55　ステージを傾斜させたときの SEM 像の変化

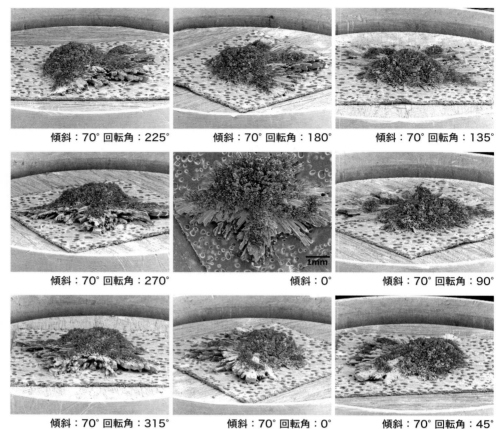

傾斜：70°回転角：225°　　　傾斜：70°回転角：180°　　　傾斜：70°回転角：135°

傾斜：70°回転角：270°　　　傾斜：0°　　　傾斜：70°回転角：90°

傾斜：70°回転角：315°　　　傾斜：70°回転角：0°　　　傾斜：70°回転角：45°

試料：グルタミン酸ソーダの結晶　二次電子像　加速電圧：1kV　Ptコーティング

図 2-56　試料ステージを傾斜および回転させたときの SEM 像の変化

傾斜を用いることによって、ステージを水平で観察した場合に比べて立体的な像を得ることができる。また、**図 2-56** は同じ試料を傾斜と回転（45°ステップ）を組み合わせて多方向からSEM 観察した例である。このように水平、つまり真上からのみの像に加え、ステージを移動させることにより、見落としそうな試料の特徴を捉えることができる。

2.7.1　ワーキングディスタンス

　先に述べたように、試料の先端から対物レンズ下部までの距離をワーキングディスタンス（以後 WD）と呼ぶ。これは、ステージの Z 軸を動かすことでコントロールする（汎用 SEMや EPMA など Z 動作ができない装置もある）。WD の変化が SEM 像に与える影響を以下に示す。

　一般に、短い WD では分解能が上がり、長い WD では焦点深度（付録 5 参照）が増す。なお、この分解能と焦点深度は相反関係になっており、両立することはできない。この変化を、

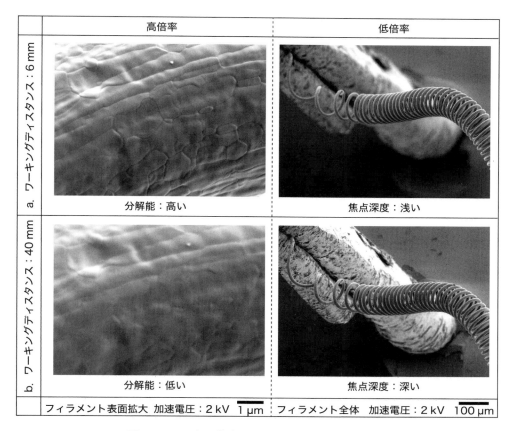

	高倍率	低倍率
a. ワーキングディスタンス：6 mm	分解能：高い	焦点深度：浅い
b. ワーキングディスタンス：40 mm	分解能：低い	焦点深度：深い
	フィラメント表面拡大　加速電圧：2 kV　1 μm	フィラメント全体　加速電圧：2 kV　100 μm

図 2-57　ワーキングディスタンスによる SEM 像の変化

試料としてはかなり大きい電球のフィラメントを使って検証した（**図 2-57**）。

　図中 a は WD が 6 mm（短い WD）、図中 b は WD が 40 mm（長い WD）である。それぞれ図中左側はフィラメントのワイヤ部分の高倍率像であり、図中右はフィラメント全体を観察した低倍率像である。高倍率像で比較すると、a ではフィラメント先端部分の金属表面の組織が明瞭に確認できるのに対して、b では金属組織の細部が不明瞭である。一方、低倍率像において、b ではフィラメント先端に焦点を合わせると下部フレームの部分はボケが生じているのに対して、b ではフィラメントの先端と下部のフレームの部分全体に焦点が合っている。すなわち、高倍率で観察する場合は、高い分解能を得るために短いワーキングディスタンスで観察するのが適しており、比較的奥行きのある試料の低倍率観察には、深い焦点深度を得るために、長いワーキングディスタンスで観察するのが適している。このようなことから、あらかじめ観察目的を決め、適切な WD の値を設定することが必要である。

2章　付　録

1. 仮想光源

　冷陰極電界放出型電子銃およびショットキー電界放出型電子銃の見かけ上の光源を仮想光源と呼び、これらの二つの電子銃の実質的な光源として扱われる。通常、電界放出型電子銃のタングステン単結晶の電子源の先端の曲率半径は 100 ～ 200 nm に加工されている。ここに引き出し電圧が印加されると、電子はトンネル効果で電子源から放出される。**図 A2-1** に示すように、この表面から放出された電子は電子源先端部の内側で直径 5 ～ 10 nm の光源から放出されたような軌道を描く。これを仮想光源という。冷陰極電界放出型電子銃の輝度が高いのは、実質的な光源である仮想光源が極めて小さいことによる。一方、ショットキー電界放出型電子銃の仮想光源は、冷陰極電界放出型電子銃に比べると若干大きく 15 ～ 20 nm で、分解能的にはやや劣る。

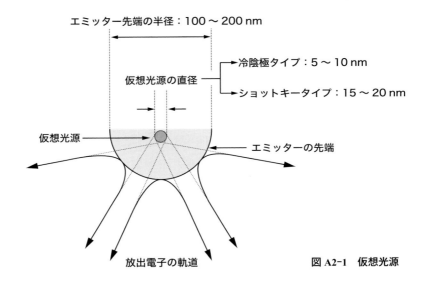

図 A2-1　仮想光源

2. プローブ径

　SEM の分解能は電子プローブの大きさ（プローブ径）に依存する。SEM のプローブ径 d は下式で表される。

$$d = \left\{ (Mds)^2 + (0.5C_s\alpha^3)^2 + \left(C_c\alpha\frac{\Delta E}{E}\right)^2 + \left(0.61\frac{\lambda}{\alpha}\right)^2 \right\}^{\frac{1}{2}}$$

ds：光源（電子源のサイズ）　M：レンズ系全体の縮小率　C_s：球面収差係数　α：試料面での電子線の開き角　C_c：色収差係数　ΔE：電子プローブのエネルギー幅　E：電子線のエネルギー　λ：電子プローブの波長

　第 1 項は電子源の種類とレンズ系全体の縮小率で決まる。第 2 項は球面収差、第 3 項は色収

差、第4項は回折収差に起因する。プローブ径を決める要因として収差が重要なファクターとなっていることがわかる[4]。

3. 反射電子凹凸像の解釈

　反射電子凹凸像の陰の方向と凹凸の関係について、その解釈法を**図 A2-2** に示した。図中の左は、模式的に描いたハーフパイプ状の凹構造（上）および凸構造（下）のそれぞれの反射電子凹凸像のコントラストを陰で示している。また、反射電子検出器 A および B の位置を点線で示す。このとき、この Top view（図中左）の陰のコントラストのみでは凹凸の状況を判断するのは難しい。しかし、このコントラストはちょうど図中に示すバーチャル照明によって付いた陰に相当している。これによって図中右に示すような断面プロファイルになることが推測できる。実際の反射電子凹凸像である本文中図 2-36 においても、このようなバーチャル照明を設定すると凹凸関係が推測できる。

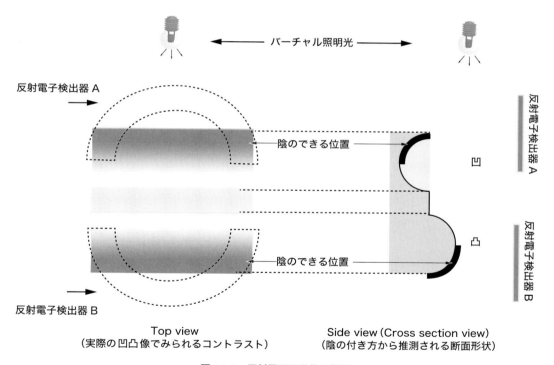

図 A2-2　反射電子凹凸像の解釈

4. FIB-SEM

　電子線の進入深さの測定に使った試料の作製には FIB-SEM（本文中　図 2-41）を用いた。この FIB-SEM の概略を以下に説明する。本装置は、SEM と FIB[5]（focused ion beam system）と呼ばれる集束イオンビーム装置が同じチャンバに装着された複合装置である。

　一般的に同一試料室に SEM が垂直に設置され、FIB が一定角度で斜めから装着されており、両者の光軸が一致した点に試料が置かれる。FIB は、光源に液体金属イオン源から放出される Ga イオンを静電レンズ系で試料上に集束させて試料表面を矩形にスパッタリング加工し、その端面を観察面とする。単独の FIB は加工のみでなく、Ga イオンビームで励起された二次電子による SIM（scanning ion microscope）像による表面観察や、有機金属ガス（フェナントレン、タングステンカルボニルなど）をガス銃から放出し、Ga イオンとの反応を用いてカーボン、タングステン、白金の膜（膜中には Ga が数％以上含まれる）を矩形に成膜することもできる。また、電子線とガス銃から放出された有機金属ガスの反応を用いて成膜（膜中には Ga イオンは含まれない）することも可能である。本文中の図 2-39 に示すカーボン膜は、FIB-SEM の電子線とフェナントレンの反応によって成膜された Ga を含まないカーボン膜である。これらは断面加工時の保護膜に使用される。

5.　焦点深度

　レンズには収差があるため点像を結像することはできず、ある大きさの円形の像を合焦点位置に結ぶ。この円を錯乱円という。この位置がジャストフォーカスの位置であり、この位置から外れるとボケが生じる。しかし、実際には、合焦点位置からある程度外れても焦点が合っているようにみえる。この像のボケが許容される大きさの錯乱円を許容錯乱円という。この合焦点位置の前後の許容錯乱円の間の距離を焦点深度という（**図 A2-3**）。

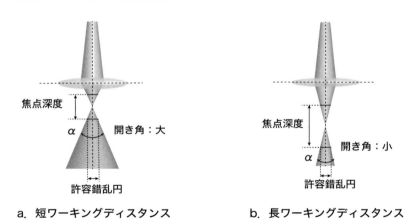

　a.　短ワーキングディスタンス　　　　b.　長ワーキングディスタンス

図 A2-3　ワーキングディスタンスと焦点深度

6.　最新の SEM

　SEM による観察および分析技術は日々進化している。その進化には大きく二つの柱がある。第一は操作性の向上であり、汎用 SEM からハイエンド SEM まで共通の流れとなっている。もう一方の流れは、ハイエンド SEM（コラム 2 参照）を中心とした高分解能化である。この場合、特に加速電圧 1 kV 以下という非常に低い加速電圧で生じた二次電子や反射電子を効率よく検出

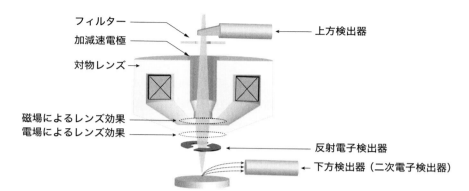

図 A2-4 最新の SEM（電磁場重畳型レンズ）

することで、試料の最表面の構造をより詳しく得られるようにしている。ここでは、この高い分解能を得るために用いられる電磁場重畳型レンズ[6]とリターディング機能[7]についてその概要を紹介する。

　電磁場重畳型レンズは、従来の磁界型レンズと静電型レンズを組み合わせて収差を低減させる方式である（**図 A2-4**）。検出器は図中にもある通り、従来タイプの二次電子（E-T）検出器および反射電子検出器に加えて対物レンズ上部にさらに上方検出器を備える。この上方検出器は、従来タイプの検出器では検出が難しい低エネルギーの二次電子や反射電子を検出することができる。また、上方検出器手前にフィルター（グリッド）を設置し、これに印加された負電圧より高いエネルギーの電子のみ検出するエネルギー選別ができる。さらに、フィルターにより遮断された低いエネルギーの電子（二次電子）のみを検出する検出器も備えることができる。そして、従来の試料室内に備える検出器、反射電子検出器と使い分けることができる。

　また、試料に逆バイアスを印加し、試料直前で電子線のエネルギーを減速するリターディング法により、低加速電圧の分解能を向上させる方法も、ハイエンド SEM を中心に積極的に利用さ

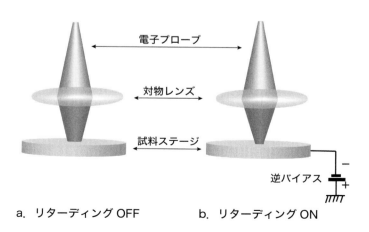

a. リターディング OFF　　　b. リターディング ON

図 A2-5 最新の SEM（リターディング）

れている。その原理を**図 A2-5** に示す。ステージ（試料）に一定のバイアス電圧（例えば −1 kV）を印加する。一方、照射される電子の加速電圧は 2 kV に設定し、試料上に電子線を照射すると、電子線はバイアス電圧により試料直前で減速され到達電圧として 1 kV となる。このため通常の加速電圧 1 kV で照射されたときよりも高い分解能が得られる。そして、このリターディングによる逆バイアスで加速された反射電子は、対物レンズ中を上がって上方検出器で効率よく検出される。このリターディングと先に説明した電磁場重畳型対物レンズとの組み合わせはさらに効果的である。

引 用 文 献

1) 石川順三：荷電粒子ビーム工学，コロナ社（2001）pp. 265-268
2) 鈴木清一：機械屋のための分析装置ガイドブック，日本塑性加工学会 編，コロナ社（2012）pp. 207-213
3) 石川順三：荷電粒子ビーム工学，コロナ社（2001）pp. 141-143
4) 木本浩司・三石和貴・三留正則・原　徹・長井拓郎：物質・材料研究のための透過電子顕微鏡，講談社（2020）p. 220
5) 鈴木俊明・松島英輝：表面技術，Vol. 63，No. 11（2012）p. 685
6) 稲里幸子：ナノテクノロジーのための走査電子顕微鏡，日本表面科学会 編，丸善出版（2004）p. 5
7) 菊地直樹：顕微鏡，Vol. 43，No. 3（2008）pp. 166-169

参 考 文 献

平井昭司 監修・日本分析化学会 編：現場で役立つ大気分析の基礎，オーム社（2011）

日本表面科学会 編：ナノテクノロジーのための走査電子顕微鏡，丸善出版（2004）

日本塑性加工学会 編：機械屋のための分析装置ガイドブック，コロナ社（2012）

石川順三：荷電粒子ビーム工学，コロナ社（2001）

高木俊宜：電気学会大学講座 電子・イオンビーム工学，電気学会（1995）

吉田善一：マイクロ加工の物理と応用，裳華房（1998）

木本浩司・三石和貴・三留正則・原　徹・長井拓郎：物質・材料研究のための透過電子顕微鏡，講談社（2020）

裏 克己：ナノ電子光学，共立出版（2005）

SEM 走査電子顕微鏡 A ～ Z，日本電子販促資料

坂 公恭：結晶電子顕微鏡学（増補新版），内田老鶴圃（2019）

霜田光一・桜井捷海：エレクトロニクスの基礎（新版），裳華房（1983）

本陣良平：医学・生物学のための電子顕微鏡学入門，朝倉書店（1968）

日本顕微鏡学会関東支部 編：新・走査電子顕微鏡，共立出版（2011）

大塚徳勝・西谷源展：Q＆A 放射線物理（改訂 2 版），共立出版（2015）

桑嶋 幹：図解入門 よくわかる最新レンズの基本と仕組み（第 3 版），秀和システム（2020）

中島香織：ナノ粒子塗工液の調整とコーティング技術，技術情報協会（2019），pp. 254-255

コラム❷

卓上 SEM、汎用 SEM、ハイエンド SEM

　卓上 SEM、汎用 SEM、ハイエンド SEM の分類には、厳密な定義はありません。卓上 SEM は文字通り、SEM 本体と操作系が机の上に載るような小型の SEM の一般的な呼び名であり、試料室の大きさや設定条件、アタッチメントの拡張性などを抑えた結果、低価格になっています。汎用 SEM は卓上 SEM と比べると、試料室が大きく、条件設定やアタッチメントの拡張性が広がっています。また、卓上 SEM と汎用 SEM は熱電子銃型が一般的です。

　一方、ハイエンド SEM と呼ばれる SEM は、ショットキー型や冷陰極型の電界放出電子銃を搭載しています。対物レンズも、セミインレンズ型や電磁場重畳型のレンズが搭載されています。また、試料室も大きく、アタッチメントの拡張性も高く設計されています。高性能の電子銃と対物レンズの組み合わせで非常に高い倍率まで観察が可能です。なお、これらとは別に価格帯で分類する分け方もあります。

コラム❸

「星の砂」、「太陽の砂」

　八重山諸島の島々へ行くと、星の砂浜と名の付いた白い海岸によく出会います。そこの砂粒をすくい取ってみると、なにやら尖った星形の砂が混じっています。ルーペなど持っていくともっとよくわかります。島の土産物屋に行くと「星の砂」として小さな可愛い瓶に入って売っています。南の島が大好きな著者は思わず買って帰り、その中の砂を広げ、ちょっと遊び気分で何度か SEM 観察をしてみました。この星の砂ですがよくみると、**図**の a のような突起部分の先端が鋭利に尖った本当に星形をしたものと、b のような突起の先端が丸みのあるタイプの

二つがあります。つい最近までどちらも「星の砂」かと思っていましたが、正しくは a が星の砂（バキュロジプナス）、b は太陽の砂（カルカリナ）というそうです。どちらも有孔虫（原生動物根足虫類、要するにアメーバのような生き物）の殻が乾燥したものです。それが海岸に打ち上げられて星の砂浜になるようです。土産物屋で手に入れた瓶の中身を広げてみると、星の砂、太陽の砂だけではなく、とても小さな貝殻やサンゴのかけらもいっぱいあって感動します。

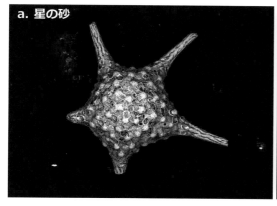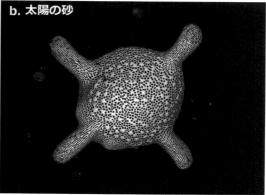

加速電圧：5 kV　反射電子組成像　100 μm

図　a.「星の砂」（バキュロジプナス）、b.「太陽の砂」（カルカリナ）

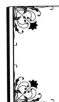

3 章
元素分析の基本とポイント

　2 章でも説明した通り、SEM は細く絞った電子線を試料上に走査することから、これを利用することで、微小領域の**元素分析**も可能となる。この元素分析は、SEM 解析において形体観察と同様に重要な位置を占めている。とくに、EDS（エネルギー分散型 X 線分析装置: energy dispersive X-ray spectrometer; EDX とも呼ばれる）の性能は急速な進歩を遂げ、開発当初は必要であった液体窒素冷却が不要となり、より便利な元素分析装置に進化した。このようなことから、SEM への EDS の装着率も急激に増えている。しかし、元素分析に関しても、SEM 像観察と同様か、あるいはそれ以上に的確な条件を選ぶことが重要となる。そこで本章では、EDS に関わる特性 X 線発生のメカニズムの基礎と実際の分析上の注意事項、条件設定（主に加速電圧と分析領域の広がりの関係）のポイントについて説明する。また、EDS とよく比較される分析装置である **WDS**（波長分散型 X 線分析装置: wavelength dispersive X-ray spectrometer）を備えた **EPMA**（electron probe micro analyzer）がある。これについても EDS との比較を中心に 3 章付録 3 で説明する。

※ 3.1　X 線発生のメカニズムと元素分析の基礎　————————————◆

　真空中において、試料表面に電子線を照射すると、元素固有のエネルギーを持つ特性 X 線が試料表面から放出される（p.24、図 2-12）。この特性 X 線のエネルギー（波長）は、元素ごとに固有の値を持つことから、これを測定することにより元素分析が可能となる。さらに、SEM では細く絞った電子線を X, Y 方向に矩形に走査していることから、EDS の機能と組み合わせることによって、微小領域の元素分析（**点分析**）や、元素の二次元的な分布（**元素マッピング**）の解析もできる。そのため、元素分析は、現在では SEM の必須機能となっている。本節では、はじめに元素分析の基礎として、電子と試料の相互作用により X 線が発生するメカニズムについて説明する。

3.1.1　X 線発生のメカニズム

　電子が試料内に進入し原子核に近づくと、原子核の電荷によりその進路が曲げられる。このとき、入射電子から**連続 X 線**（図 3-1）が発生する。この連続 X 線のエネルギーの最大値は加速電圧に相当し、エネルギー的に広範囲にわたって検出される連続したスペクトル（バックグラウンド）となる。さらにこのとき、原子核の周りの電子殻内の電子を入射電子が弾き飛ばすことにより、電子が不足した空位が生じる。この空位を埋めるため、電子が外殻から内殻へ

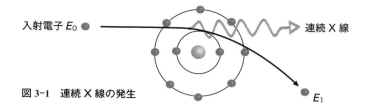

図 3-1 連続 X 線の発生

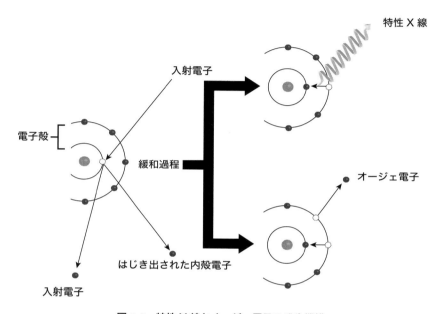

図 3-2 特性 X 線とオージェ電子の発生機構

遷移する。これを**緩和過程**（**図 3-2**）と呼び、この過程でそのエネルギーに相当する特性 X 線とオージェ電子の二種類の信号が放出される。このうち、**特性 X 線**は、外殻から内殻への遷移に相当するエネルギーを X 線として放出したものであり、強いピークがスペクトル上に現れる。一方、**オージェ電子**は、外殻から内殻へ電子が遷移する際に放出される、エネルギーを持った電子である。両者の遷移確率は合わせて 1 となるが、軽元素ではオージェ電子の放出確率が高く、重元素になると特性 X 線の放出確率が高くなる（付録の図 A3-1 参照）。

　EDS で得られるスペクトルの横軸は放出された X 線のエネルギー（単位: keV）、縦軸は X 線の検出量（カウント数）である。EDS スペクトルの例を**図 3-3** に示す。各エネルギー（横軸）の位置でいくつかの特性 X 線のピークが検出されている。このピークのエネルギー値から元素の種類が特定（定性分析）され、ピーク強度から量を知る（定量分析）ことができる。図中 a のスペクトルの下方部分（塗りつぶされている部分）が連続 X 線の信号に相当し、これが先述のバックグラウンドとして現れる。バックグラウンドには構成元素の情報は含まれていないので注意が必要である。前に述べた通り、この連続 X 線の最大エネルギーは分析のため

X 線の検出強度（単位カウント数）

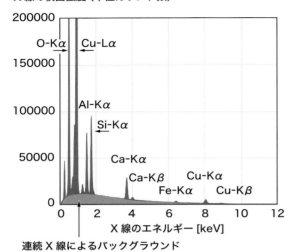

X 線の検出強度（単位カウント数）

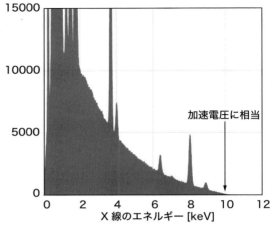

a. EDS スペクトル

b. EDS スペクトル（a のスペクトルを垂直方向に拡大）

図 3-3　EDS スペクトルの実例

に照射された電子の加速電圧 ［V］ から求められるエネルギー ［eV］ に一致する（図中 b）。

　図 3-4 に各特性 X 線がどのような遷移で放出されるかの詳細を示す。励起状態にある電子の緩和過程の中で K 殻に遷移したときに放出する特性 X 線を **K 線**、L 殻に遷移したときに放出されるものを **L 線**、M 殻の場合には **M 線** と呼ぶ。電子が L 殻から K 殻に遷移した場合、

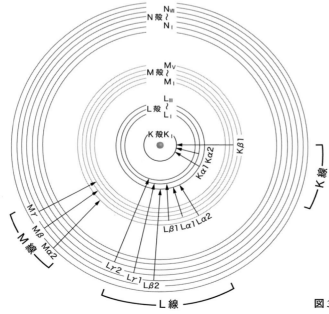

図 3-4　特性 X 線の種類と関連する遷移過程

軌道のエネルギー差に相当する波長（エネルギー）のX線を放出する。このとき、各軌道の
エネルギーは元素ごとにわかっているので、このエネルギーを測定することで元素分析が可能
となる。なお、電子殻はさらに細かく副殻に分かれており、多くの種類の特性X線が放出さ
れる。同じK線でもL殻から電子が遷移する場合を**Kα線**、M殻から遷移する場合を**Kβ線**
と呼ぶ。この場合は、L殻から遷移する確率の方がM殻から遷移する確率より大きいため、
Kα線の方がKβ線より強度が大きくなる。また、これら固有のエネルギーを持った特性X線
のピークを励起できる最小のエネルギーを**臨界励起エネルギー**という。また、その励起エネル
ギーを得るための入射電子の最小の加速電圧を**臨界励起電圧**という。例えばシリコンのK線
の特性X線エネルギーは 1.74 keV で臨界励起電圧は 1.838 kV である。したがって、このシ
リコンのK線を励起するために必要な臨界励起電圧は 1.838 kV となる。

　主な元素の特性X線エネルギーと臨界励起エネルギーを**表 3-1** に示す。また、この臨界励
起エネルギーは SEM の元素分析時に設定した加速電圧と分析領域の広がりの関係を理解する
上で重要な要素となるため、3.3.1 項および 3.3.2 項で改めて詳細を説明する。

表 3-1　主な元素の臨界励起エネルギー

元素（原子番号）	特性 X 線エネルギー [keV]			臨界励起エネルギー [keV][1]		
	Kα	Lα	M	Kα	Lα	M
O（ 8）	0.525			0.531		
Al（13）	1.486			1.559		
Si（14）	1.739			1.838		
Ca（20）	3.690	0.341		4.038	0.346	
Ti（22）	4.508	0.452		4.965	0.454	
V（23）	4.949	0.511		5.465	0.513	
Fe（26）	6.398	0.705		7.112	0.709	
Cu（29）	8.040	0.930		8.979	0.932	
Pt（78）		9.441	2.048		11.564	2.113
Au（79）		9.712	2.120		11.918	2.220

†1：臨界励起電圧 [kV] の大きさは臨界励起エネルギー [keV] と同じ数値になる。

※ 3.2　SEM に付属する元素分析装置　————————————————————◆

　X線の検出器には、EDS（エネルギー分散型X線分光器）と WDS（波長分散型X線分光
器）の二種類がある。本節では、一般的な SEM に多く用いられている EDS を中心に、装置
の特徴と分析のポイントについて説明する。

3.2.1　EDS 検出器について

EDS は、3.1 節でも述べたように、特性X線のエネルギーを測定してスペクトルを得る装

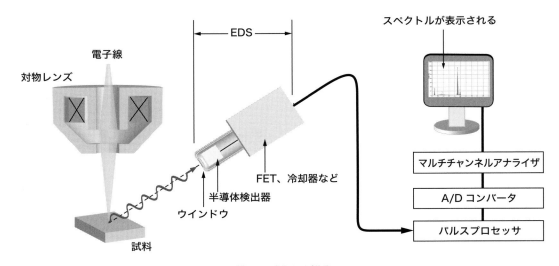

図 3-5　EDS の概要

置である。**図 3-5** にその原理を示す。X 線の検出方式は半導体を感応部に用いた検出方式であり、検出を行う部分の先端には、ベリリウムや有機薄膜などでつくられたウインドウが付いていて、真空と隔てられている。そのウインドウを透過した X 線が半導体検出器に入射したときに、それぞれの X 線のエネルギーに比例した数の電子正孔対が生成される。これらの電荷担体は、検出器に印加された高電圧によって電極に集められ、入射した X 線のエネルギーに比例した電流パルスとして取り出される。この電流パルスは、プリアンプでそれぞれの電流パルスの量に応じた電圧パルスに変換される。この変換されたパルスはさらに増幅され、マルチチャンネルアナライザでそれぞれの波高値に相当するチャンネルに蓄積される。このとき、それぞれのパルス波高値は、（検出器に入る）入射 X 線のエネルギーに比例しているため、横軸を各チャンネルのエネルギー、縦軸をカウント数とした、X 線（EDS）スペクトルが形成される。

　以前から EDS に一般的に使われていた Si（Li）半導体検出器では、液体窒素温度（−196℃）まで冷却する必要があったが、近年では −20 〜 −30℃で使用できるシリコンドリフト検出器（SDD）が普及し、液体窒素の補充や維持といった日々の管理が不要となり、操作性や維持コストが格段に向上した。検出できる元素は原子番号 5 の B から 92 の U までが一般的であり、スペクトル（図 3-3）は全エネルギー範囲を同時に表示できる。さらに短時間で測定が可能で非常に手軽である。EDS 検出器の外観を**図 3-6** に示す。この検出器の先端は、試料面に対して一定の角度（取り出し角）で向けられている。

3.2.2　EDS 測定の各種パラメータの設定

　SEM は 2 章で述べた通り、細く絞った電子線を同一平面内で X, Y 方向に走査して各種信号の情報を二次元的に得ている。特性 X 線による元素分析も、この SEM の特徴を生かした分

図 3-6　SEM に取り付けられた EDS

析を行うことができる。例えば、電子線の走査を画面上の任意の位置に止めて分析を行う**点分析**、ライン上に走査して線上に元素の分布を表す**線分析**、さらに、X, Y 走査を行いながら二次元的な元素の分布を表す**面分析（元素マッピング）**などが可能である。SEM 像観察と同様に、測定の際にはいくつかのパラメータを設定する必要がある。これらについて以下に説明するが、メーカーや機種によって用語が異なる場合があるので、必要に応じて各自が使用している装置の説明書を熟読されたい。

a. **デッドタイム**

デッドタイムは EDS 分析中に走査画面上に表示される。デッドタイムとは、あらかじめ設定したプロセスタイムの中で、検出器が一つのパルスを出力してから次のパルスを出力するまでの間の時間（**不感時間**）のことである。デッドタイムはパーセントで表す。一般に、SEM のコンデンサーレンズを調整して、照射電流が変化するとデッドタイムの数値も変化する。照射電流を大きくしていくとデッドタイムの数値も大きくなる。

EDS では分析を開始するときに測定時間を設定するが、実際に測定されている正味の時間はデッドタイムのぶんだけ短くなる。測定時間 100 秒のときにデッドタイムが 10 ％とすると、実際の有効な測定時間は 90 秒となる。EDS によっては、測定時間を設定する際、**リアルタイム（経過時間）**と**ライブタイム（実時間）**を選ぶことができる。リアルタイムは実際の時計が進行する時間で、前例で示す通り、有効な測定時間はデッドタイムのぶんだけ設定時間よりも短くなる。一方、ライブタイムを選ぶと、デッドタイムを含む時間で測定が継続されるので有効な測定時間は設定時間よりも長くなる。通常はライブタイムに設定されている。なお、実際の測定では、デッドタイムが 20 ～ 30 ％程度になるように照射電流を調整すると、効率よくスペクトルが収集できる。デッドタイムが小さい場合、スペクトルはノイズを含むようになる（**図 3-7**）。また、ライブタイムを同じ 100 秒で測定しても、照射電流が少なければ分析上必要となるスペクトルの十分なカウント数は得られない。しかし、あまり照射電流を大きくすると

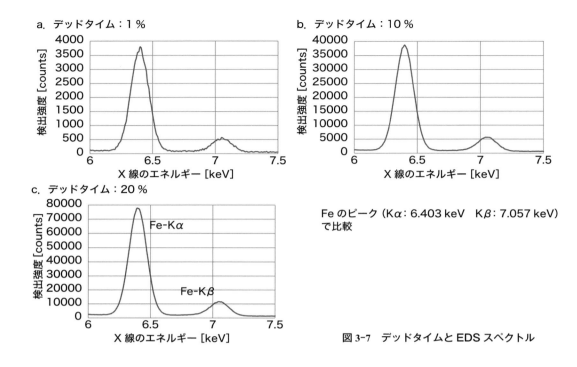

a. デッドタイム：1 %

b. デッドタイム：10 %

c. デッドタイム：20 %

Fe のピーク（Kα：6.403 keV　Kβ：7.057 keV）
で比較

図3-7　デッドタイムと EDS スペクトル

デッドタイムが大きくなり（50 %以上）、分析の進行が遅くなってしまう。

b. スペクトルの積算時間

　図3-8 は、EDS 分析時の X 線の積算時間を変化させたときのスペクトルの違いを表している。このように、EDS スペクトルは測定時間を重ねるとスペクトルの波形がより滑らかになる。実際の測定時間に設定する場合、前述の通り、デッドタイムが 20 〜 30 %になるように照射電流を設定した上で、少なくともライブタイム（有効時間）で 100 秒程度の積算時間が必要となる。含有量が数パーセント程度の微量元素の鮮明なスペクトルを得るためにはさらに長いライブタイムの設定が必要となる。また、分析時の照射電流も SEM 像観察時よりかなり大きくする必要がある。

c. プロセスタイム

　測定中、1 つの X 線フォトンが検出器に入射したとき、エネルギーを計測する時間を**時定数**または**プロセスタイム**といい、ここでは τ で表す。この τ が長いと計測するパルスのエネルギー値の精度は向上するが、カウントレート（単位時間あたりの計測できる X 線フォトンの数）が低くなり、分析に長時間を要することになる。一方、τ が短くなるとカウントレートは上がるが、計測するエネルギー値の精度が低下する。実際の EDS ではプロセスタイムを変えられるようになっており、**高係数モード**から**高分解能モード**へ何段階か設定を変えることが可能で、通常は 4 段階程度のものが多い。図3-9 に高係数モード（τ が小さい）と高分解能モード（τ が大きい）のスペクトルの違いを示す。τ の大きい高分解能モードのスペクトルは、高

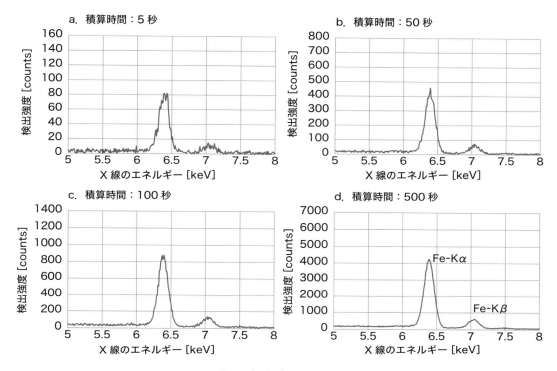

Fe のピーク（Kα: 6.403 keV　Kβ: 7.057 keV）での積算時間比較

図 3-8　EDS スペクトルの積算時間の効果

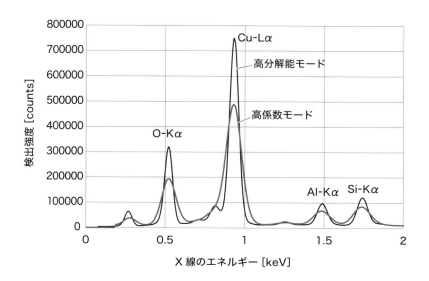

図 3-9　プロセスタイムとスペクトルの関係

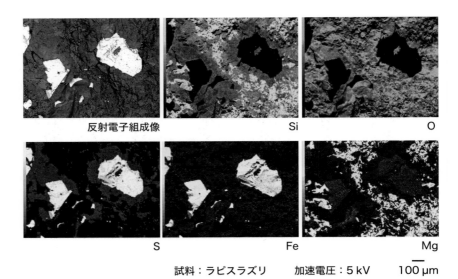

反射電子組成像 　　　　　Si 　　　　　　O

S 　　　　　　Fe 　　　　　Mg

試料：ラピスラズリ　　　加速電圧：5 kV　　　100 µm

図 3-10　EDS の応用（元素マッピング）

係数モードに比べてエネルギー分解能が高いことがわかる。通常、プロセスタイムが 1～4 の 4 段階に設定できる場合は、2 か 3 に設定しておくとよい。

d. 元素マッピングの画素数

EDS による特性 X 線分析では、**図 3-10** に示すような元素マッピング像を得ることができる。試料上の元素分布を一目で把握することができ、説得力のあるデータとなるため、多くのユーザーに好まれている（試料は p.36 の図 2-30 と同じラピスラズリ）。これらの像から、反射電子組成像でいちばん明るいコントラストの領域は、鉄と硫黄で構成されていることがわかる。それ以外の領域ではシリコン、酸素およびマグネシウムがほぼ均一に分布している。このとき、元素マッピングの画素数は、ユーザーが選ぶことができる。画素数を細かくすることで細部の元素分布が鮮明になる（**図 3-11**）。しかし一方で、画素数の増加は分析完了までの時間の増加につながる。一般的には 128×96 程度の画素数が選ばれる。

※ 3.3　元素分析のポイント ─────────────────────◆

本節では、実際の分析に応用する際のポイントについて EDS の場合を中心に説明する。

3.3.1　特性 X 線ピークの重なり

特性 X 線を用いた EDS による分析手法は、全エネルギー領域を同時に取り込むことができて非常に便利であるが、エネルギー分解能が約 130 eV であるため X 線スペクトルのピークが重なって隣り合い、元素を区別できない場合がある。**表 3-2** に代表的な元素の特性 X 線ピークのエネルギー値を示す。また、各ピークが重なる様子を示す。例えば、チタン（Kα 線 4.508 keV）とバリウム（Lα 線 4.465 keV）、シリコン（Kα 線 1.739 keV）とタングステン

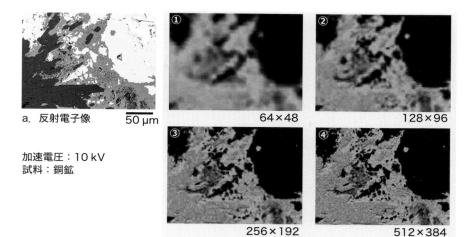

a. 反射電子像　50 μm

① 64×48　② 128×96

③ 256×192　④ 512×384

b. 元素マッピング像 (O-Kα)

加速電圧：10 kV
試料：銅鉱

画素数の違いによる元素マッピング像の画質変化

図 3-11　画素数と元素マッピング像の関係

表 3-2　特性 X 線のピークの重なり（EDS）

P (15) Kα 2.013 keV	Pt (78)	Lα 9.441 keV / M 2.048 keV	Ti (22)	Kα 4.508 keV / Kβ 4.931 keV / Lα 0.452 keV (窒化チタン：TiN) (チタン酸バリウム：BaTiO₃)	N (7)	Kα 0.392 keV
	Au (79)	Lα 9.712 keV / M 2.121 keV			V (23)	Kα 4.949 keV / Lα 0.511 keV
Si (14) Kα 1.739 keV (半導体デバイスの構成材)	W (74)	Lα 8.396 keV / M 1.774 keV			Ba (56)	Lα 4.465 keV / M 0.972 keV
S (16) Kα 2.307 keV (二硫化モリブデン：MoS₂) (硫化水銀：HgS) (硫化鉛：PbS)	Mo (42)	Kα 17.441 keV / Lα 2.293 keV	Fe (26)	Kα 6.398 keV / Kβ 7.057 keV / Lα 0.705 keV	Mn (25)	Kβ 6.409 keV
	Hg (80)	Kα 9.987 keV / M 2.195 keV			Co (27)	Kα 6.924 keV
	Pb (82)	Lα 10.550 keV / M 2.342 keV	Cu (29)	Kα 8.040 keV / Kβ 8.910 keV / Lα 0.984 keV	Zn (30)	Kα 8.630 keV / Lα 1.012 keV

カッコ内の数字は原子番号。

（M 線 1.774 keV）、硫黄（Kα 線 2.307 keV）とモリブデン（Lα 線 2.293 keV）および鉛（M 線 2.342 keV）、チタン（Kα 線 4.508 keV）とバナジウム（Kα 線 4.949 keV）などの元素が同一化合物に存在する場合、異なる元素同士でピークがオーバーラップすることが多くある。このような場合が予想されるときは、特性 X 線のエネルギーをあらかじめ調べておくと便利である。一般に、このようにピークエネルギーがお互いに重なり合う可能性が高い材料を多く扱う場合（鉄鋼、鉱物などの場合）は、WDS（波長分散型 X 線分光器）を搭載した元素分析用の EPMA を用いることが多い（付録の図 A3-3）。

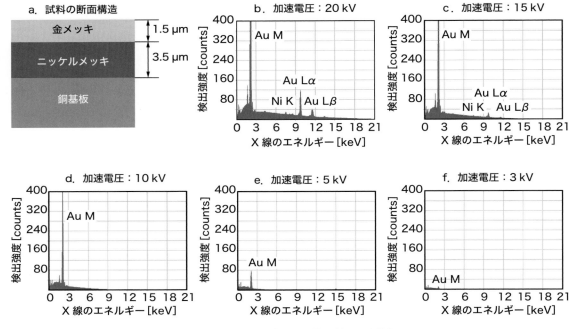

図 3-12　加速電圧変化と特性 X 線の深さ情報

3.3.2　分析時の加速電圧設定と分析領域の広がりとの関係

　前章では SEM 像について、加速電圧の変化で深さ方向の情報が変化すること、その結果、この電圧を変えることが表面観察に有効であることを説明してきた。一方、特性 X 線を利用した EDS の元素分析についても、加速電圧の違いによって試料の深さ方向の情報が変わる。加速電圧を低くすると、特性 X 線の発生領域も浅くなるので試料表面付近の分析が可能になる。ただし、この場合は SEM 像観察の場合とは違って、入射電子の進入深さだけで考えるのでは不十分であり、特性 X 線の発生原理に基づく注意事項がある。以下に、実際の試料の分析結果を用いて説明する。

　図 3-12 は、ニッケルメッキ（銅基板）上の約 1.5 μm 厚の金メッキに、表面から電子線を照射して EDS 分析した例である。図中 a に本試料の構造を模式的に示す。加速電圧は 3〜20 kV の間で 5 段階に変化（図中 b〜f）させてスペクトルを取得した。加速電圧が 20 kV のとき（図中 b）、最表面層の金の特性 X 線ピークが Lα 線（9.71 keV）、Lβ 線（11.45 keV）および M 線（2.12 keV）と、2 層目のニッケルの K 線（7.47 keV）がスペクトル上にみられる。加速電圧を下げていくと、入射電子の進入深さが浅くなるため 2 層目のニッケルのピークが小さくなり、加速電圧が 10 kV（図中 d）で完全にみえなくなる。これと同時に、最表面の金の Lα 線、Lβ 線もどんどん小さくなりやがてみえなくなる。加速電圧が 3 kV（図中 f）では金の M 線も小さくなっていることがわかる。

　この結果は、ニッケルのみに注目すると、加速電圧が下がると単純に 1 層目の金の下側にあ

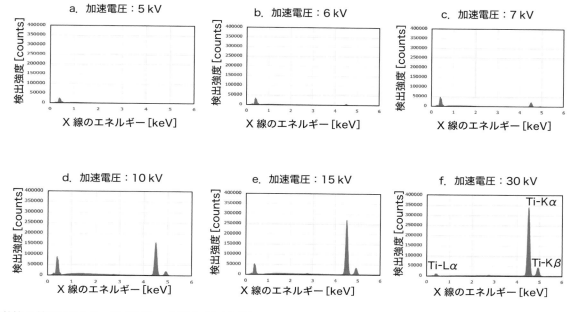

特性 X 線のエネルギー値 Ti-Kα: 4.51 keV Ti-Kβ: 4.93 keV Ti-Lα: 0.45 keV, 臨界励起電圧 (Ti-Kα) V_c: 4.97 kV

図 3-13 加速電圧変化と特性 X 線ピーク強度の変化

るニッケルの層まで電子線が届かなくなっていると解釈できるが、最表面の金に関しては電子線の進入深さだけでは説明できない。つまり、特性 X 線の場合は、SEM 観察時のように、深さ方向の情報は、単純に加速電圧と照射された電子の試料内の進入深さだけでは解釈できない。このような場合には、もう一つの要素として、3.1.1 項で説明した臨界励起エネルギーおよび臨界励起電圧も考慮に入れる必要がある。

　このことを理解しやすくするために、前述のような多層構造ではなく、均一な純チタンの板を用いて説明する。はじめに、この試料に対して加速電圧を変化させて取得した EDS スペクトルを図 3-13 に示す。チタンの臨界励起エネルギーは K 線が 4.96 keV（電圧では 4.96 kV）、L 線が 0.45 keV（電圧では 0.45 kV）である。電子線の加速電圧の変化に伴い、それぞれの特性 X 線ピークのカウント数や、K 線と L 線のピーク比が変化し、加速電圧の値が臨界励起電圧以下になるとピークが消える。これは、EDS 分析をする際に、注目する元素の特性 X 線のピークによって最適な電子線の入射エネルギー（加速電圧）が異なることを示している。つまり、知りたい元素がある場合には、その元素の特性 X 線ピークよりも十分高いエネルギーになる加速電圧を設定する必要があるということである。

3.3.3 分析領域の広がりを推測する

　ここまでの説明から、EDS 分析で深さ方向の情報すなわち分析領域の広がりを推測するためには、入射電子のエネルギー（すなわち加速電圧）と試料への進入深さ、もう一つは注目す

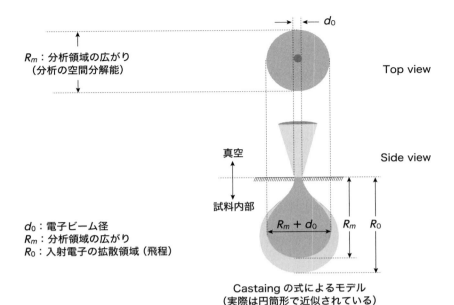

図 3-14 加速電圧変化と分析領域の広がり（Castaing の式を用いたモデル）

る元素の臨界励起電圧の三つの要素を考える必要があることがわかった。そこで、電子線が入射した際の試料内での電子の広がりと、特性 X 線の発生領域の関係を以下に説明する。電子線の試料内進入後の特性 X 線の発生領域と加速電圧の関わりについては、式（3-1）に示す Castaing の式がよく使われている。さらに、この式を説明するモデルを図 3-14 に示す。

$$R_m = 0.033 (V_0^{1.7} - V_c^{1.7}) \frac{A}{\rho Z} \tag{3-1}$$

R_m は図中にも示した分析領域、V_0 は分析時の加速電圧、V_c は分析対象元素の臨界励起電圧、A、ρ、Z は分析対象元素の原子量、密度、原子番号である。

　この式は本来円筒形で近似されているが、図中右に示すように、イメージがわくように横方向は円形の図で表現した。ここでは、図 2-47（p.48）で示した飛程計算のときと同じ元素において Kα 線の分析領域の広がりを計算した。また、このとき、Castaing の式の計算に必要な各元素の諸数値を表 3-3 にまとめた。これらの結果を図 3-15 に示す。比較的原子番号の高い

表 3-3　主な元素の分析領域見積もりのための数値

	臨界励起電圧 V_c [kV]	密度 ρ [g/cm³]	原子量	原子番号 Z
C	0.28（K 線）	2.25	12.01	6
Al	1.56（K 線）	2.70	26.98	13
Ti	4.96（K 線）	4.50	47.90	22
Cu	8.98（K 線）	8.93	63.55	29
Pt	11.56（L 線）	21.37	195.09	78

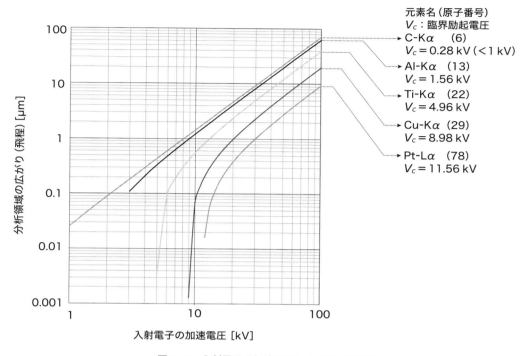

図 3-15 入射電子の加速電圧と分析領域の関係

元素では、入射電子の加速電圧が小さくなると急激に分析領域の広がりが小さくなり、臨界励起電圧を境にグラフは消失していることがわかる。これは、臨界励起電圧より低い加速電圧では特性 X 線が励起できないことを示している。

　さらに、式 (3-1) は式 (3-2) のように変形できる。

$$R_m = 0.033\,(V_0^{1.7} - V_c^{1.7})\frac{A}{\rho Z} = 0.033 \times V_0^{1.7} \times \frac{A}{\rho Z} - 0.033 \times V_c^{1.7} \times \frac{A}{\rho Z}$$

$$= R_Z - R_0\,[\mu m] \tag{3-2}$$

ここで R_Z は入射電子の広がり（飛程と同じ）を表している。R_0 は臨界励起電圧で決まる定数で、$R_Z - R_0$ は分析領域の広がり R_m となる。この式より、加速電圧 3〜30 kV の間において、Ti-Kα 線を例として、進入電子線の広がり R_Z と、分析領域の広がり R_m の関係を計算した（ビーム径は無視してある）結果を図 3-16 に示す。図中の R_Z の領域は斜線、R_m の領域は塗りつぶしで示した。また、図中の上段にはそれぞれの加速電圧と Ti の特性 X 線ピークを示す。この図から、高い加速電圧では電子線の進入深さ R_Z と分析領域 R_m の差はあまりみられないが、加速電圧を減少させると R_Z の減少に比べて急激に R_m が減少し、Ti-Kα 線の臨界励起電圧（約 5 kV）に近づくと、分析領域の拡がり R_m は急激に小さくなることがわかる。

　一方、上段のそれぞれの加速電圧を変化させたときのスペクトルをみると、分析領域の広がりが小さくなり、臨界励起電圧で突然消えるのではなく、特性 X 線のピークも小さくなって

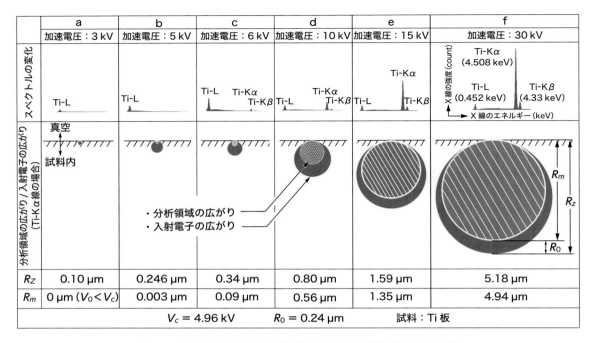

	a	b	c	d	e	f
	加速電圧：3 kV	加速電圧：5 kV	加速電圧：6 kV	加速電圧：10 kV	加速電圧：15 kV	加速電圧：30 kV
R_Z	0.10 μm	0.246 μm	0.34 μm	0.80 μm	1.59 μm	5.18 μm
R_m	0 μm ($V_0 < V_c$)	0.003 μm	0.09 μm	0.56 μm	1.35 μm	4.94 μm

V_c = 4.96 kV　　　R_0 = 0.24 μm　　　試料：Ti 板

図 3-16　加速電圧変化の違いが入射電子および分析領域に与える影響

いる（3章付録2）。また、その際にK線とL線のピーク強度の比も変化していることがわかる。一般に、効率よく特性X線を励起するためには、臨界励起電圧の2〜3倍程度の加速電圧が必要となる。試料に未知の元素が含まれている場合は、少なくとも加速電圧は15〜20 kVでの分析が必要となる。これらの結果より、加速電圧の変化はSEM像と同じように試料の深さ方向の情報を得るための重要な要素ではあるが、これに加えてX線分析（EDS）の場合には、臨界励起電圧も考慮に入れたCastaingの式による加速電圧と分析領域の広がりを考える必要があることがわかる。

3.3.4　分析領域の広がりを考慮した鉱物（銅鉱）試料の分析例

次に、これまで説明してきた元素分析のポイントのまとめとして、具体的な試料を用いた分析例を示す。試料は鉱物試料である銅鉱（鏡面研磨済み）を用いた。分析方法においては、試料の特定の場所を選び測定時の加速電圧を3〜30 kVの範囲で6段階に変化させ、このとき分析エリア全体から得られたスペクトルを得る方法を用いた。これらのスペクトルを**図3-17**に示す。加速電圧を下げていくと、主成分となるCu-Kα線の臨界励起電圧（約9 kV）に加速電圧が近づいたとき、X線のピークが消失するのがわかる。

この分析に用いた同じ試料（銅鉱）を用いて加速電圧を変化させたときの反射電子像と、同じ場所の元素マッピング像の変化を**図3-18**に示す。左端の反射電子像のみに注目すると、高い加速電圧では、試料の深い位置から放出された反射電子により組織の境界がにじんでおり、

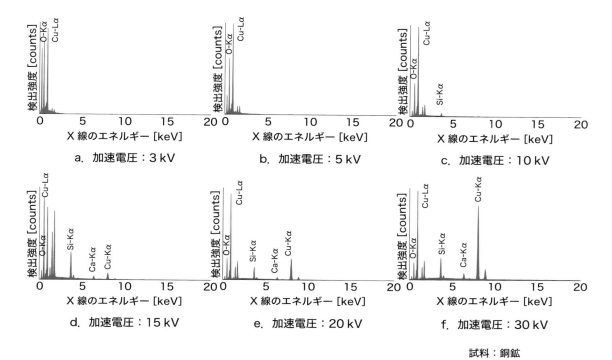

a. 加速電圧：3 kV

b. 加速電圧：5 kV

c. 加速電圧：10 kV

d. 加速電圧：15 kV

e. 加速電圧：20 kV

f. 加速電圧：30 kV

試料：銅鉱

図 3-17 加速電圧と特性 X 線スペクトルの関係

加速電圧が下がるにつれてシャープな境界になっていくことがわかる。

　このように、反射電子像の観察に限ると低い加速電圧での観察が有効である。また、元素マッピング像でも高い加速電圧では、より小さい原子番号になると、分析領域の広がりにより全体がぼけた像になって反射電子像と対応がつかなくなる。その反面、加速電圧が小さくかつ原子番号が大きくなるほど境界部全体がシャープな元素マッピング像になっている。この点においては、元素マッピング像においても低加速電圧で観察することにより組織の境界がシャープな元素マッピング像が得られるため良さそうである。しかし、低加速電圧になると特性 X 線のピークが小さくなり、やがて励起できなくなる特性 X 線のピークが生じてくることに注意すべきである。特にエネルギーの高い位置に出てくるピークには注意が必要となる。このため、銅鉱のような幅広いエネルギー領域の元素が複数存在する試料では、それぞれの元素の特性 X 線（K, L, M 線）のエネルギー値をあらかじめ調べておき、加速電圧の設定や元素マッピングに利用する特性 X 線を選択する必要がある。

　例えば、Ca に注目すると加速電圧が 5 kV では微小にピークは現れているが、十分な元素マッピング像が得られなくなっている。一方、Cu については、加速電圧が 30 kV および 15 kV では K 線および L 線の両方でシャープな元素マッピング像を描くことができるが、10 kV 以下では、K 線では信号量不足になり元素マッピング像を描くのは難しく、臨界励起電圧以下ではスペクトルも現れなくなる。しかし、同じ Cu でも L 線を用いることにより、十分な元

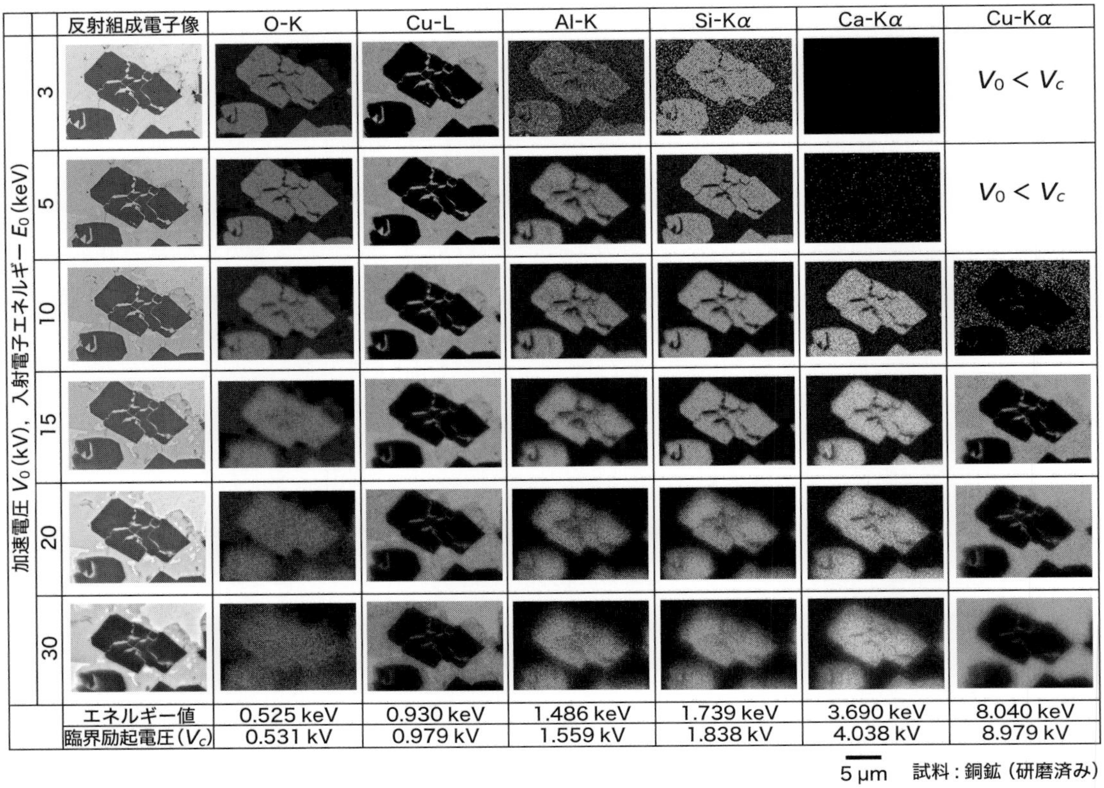

加速電圧 V_0 (kV), 入射電子エネルギー E_0 (keV)		反射組成電子像	O-K	Cu-L	Al-K	Si-Kα	Ca-Kα	Cu-Kα
	3							$V_0 < V_c$
	5							$V_0 < V_c$
	10							
	15							
	20							
	30							
	エネルギー値		0.525 keV	0.930 keV	1.486 keV	1.739 keV	3.690 keV	8.040 keV
	臨界励起電圧 (V_c)		0.531 kV	0.979 kV	1.559 kV	1.838 kV	4.038 kV	8.979 kV

5 μm　　試料：銅鉱（研磨済み）

図 3-18　加速電圧と反射電子像および元素マッピング像の関係（口絵 VI 参照）

素マッピング像を得ることができる。

　このように、元素によっては K 線だけではなく L 線を用いることもできる。ただし分析対象となる試料の成分元素の組み合わせによっては、L 線周辺では多数のピークが存在するため重なる場合が多くある。この試料の場合は成分元素である Fe の L 線が重なっている。そのため、あらかじめ構成元素の特性 X 線ピークのエネルギーの値を調べておかないと間違いを起こす場合がある。このことを忘れて、表面の元素分布の情報を得る目的だけで、かなり低い加速電圧（5 kV）で EDS 分析している場合が多いので注意されたい。なお、正確に断面の構造を SEM で観察および分析するためには断面からの観察が必要となる。これには試料の材質に合った試料処理が必要で、これについては 4 章でその基本とポイントを紹介する。

　以上、説明してきた通り、元素分析時の注意事項として、特性 X 線ピークの重なりと、加速電圧選択時の臨界励起電圧と分析領域の広がりについて、重ねて強調するが、あらかじめ理解しておくことが重要である。

3 章 付 録

1. 蛍光収率[1]

内殻の電子が弾き飛ばされ励起状態になった電子が基底状態に戻る緩和過程で、特性 X 線かオージェ電子のどちらかが放出されることは本文 3.1.1 項で説明した。このとき、特性 X 線あるいはオージェ電子のどちらが放出されるかの確率は、元素によって決まっている。この確率を**蛍光収率**と呼び、式 (A3-1) で表される。ここで、特性 X 線とオージェ電子それぞれの放出確率の和は式 (A3-2) で示す通り、合わせて 1 となる。式 (A3-1) および (A3-2) によって求めた両者の発生確率と原子番号の関係を**図 A3-1** に示す。軽元素ではオージェ電子の放出確率が高く、重元素になると特性 X 線の放出確率が高くなることがわかる。

$$\omega_k = \frac{\left(-0.0217 + 0.0332\,Z - 1.14 \times 10^{-6} \times Z^3\right)^4}{1 + \left(-0.0217 + 0.0332\,Z - 1.14 \times 10^{-6} \times Z^3\right)^4} \tag{A3-1}$$

$$\omega_k + \omega_o = 1 \tag{A3-2}$$

Z：原子番号　　ω_k：特性 X 線放出確率　　ω_o：オージェ電子放出確率

このとき、どちらの放出信号も構成元素の情報を持っているため、分析手段としては両方の情報を使いたい。しかし、オージェ電子の検出は超高真空チャンバと専用の検出器が必要であり、通常の SEM で検出するのは難しい。そのため、SEM での元素分析では特性 X 線の方を用いるのが一般的である。この特性 X 線の発生深さは加速電圧と材料により異なるが、数百 nm ～ 数 μm 程度まで変化する。

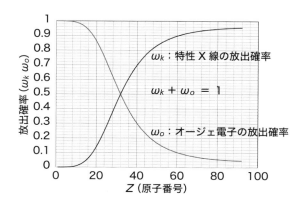

図 A3-1　特性 X 線とオージェ電子の放出確率の原子番号依存性

2. イオン化断面積[2]

特性 X 線の強度は、原子の**イオン化断面積** Q_k と**蛍光収率** ω_k で決まることが知られている。イオン化断面積は電子線が内殻の電子を弾き飛ばす確率を示しており、式 (A3-3) で表される。

$$Q_k = \frac{2\pi \mathrm{e}^4}{V_0\,V_c}\,\mathrm{b}\ln\frac{4E}{\mathrm{B}} \qquad \mathrm{B} = 1.65\,E_c \quad \mathrm{b} = 0.35 \tag{A3-3}$$

V_0：入射電子の加速電圧　　V_c：臨界励起電圧

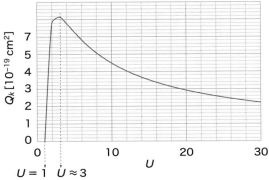

U：オーバーボルテージレシオ　Q_k：イオン化断面積
E_c(Ti) = 4.96 keV

図 A3-2　イオン化断面積とオーバー
ボルテージレシオ（Ti）

ここで入射電子の加速電圧（V_0）と**臨界励起電圧**（V_c）の比をオーバーボルテージレシオと呼び式（A3-4）で表す。

$$U = \frac{V_0}{V_c} \tag{A3-4}$$

　式（A3-4）で Ti について横軸を U、そして縦軸を Q_k としたグラフを**図 A3-2** に示す。$U > 1$ すなわち V_0 が V_c を超えると特性 X 線が放出されるが、Q_k が最大になるのは $U \approx 3$ のときであることがわかる。未知物質の元素分析をする場合に、オーバーボルテージレシオから、十分な特性 X 線のピークを得るためには臨界励起エネルギー（イオン化エネルギー）の 2～3 倍のエネルギーを得るための加速電圧を設定する必要があり、少なくとも加速電圧 15～20 kV が必要となる。主な元素のイオン化エネルギーに相当する臨界励起電圧は本文の表 3-3 に示した。

3.　WDS [3)]

　図 A3-3 に WDS のスペクトル測定原理を示す。電子線が試料に照射されることによって放出された特性 X 線の波長を分光結晶によって測定するとともに、そのときの X 線の強度（カウント数）を検出することでスペクトルを得る。このとき使用する分光結晶と検出器は、分光器内でローランドサークル上を移動してブラッグ条件が満足する位置を探る構造になっている。WDS を付属した電子線マイクロアナライザ（EPMA: electron probe micro analyzer）では、試料の最先端部分とローランドサークルが精度よく一致するように Z 軸調整用の光学顕微鏡が設置されており、この光学顕微鏡で Z 軸（上下動）を移動して焦点合わせを行う。このとき、光学顕微鏡を利用する理由は、光学顕微鏡は SEM に比べて焦点深度が浅いために、より正確に焦点を合わせることが可能で、結果として高さ調整が行いやすくなるためである（例外として、横型の分光器では光学顕微鏡を必要としない）。

　WDS スペクトルにおける X 線ピークは、図 A3-3 に示す通り、試料と分光結晶までの距離 L を変化させ、ブラッグ条件が満たされたときに生じる。このときの L の値は次の式（A3-5）で波

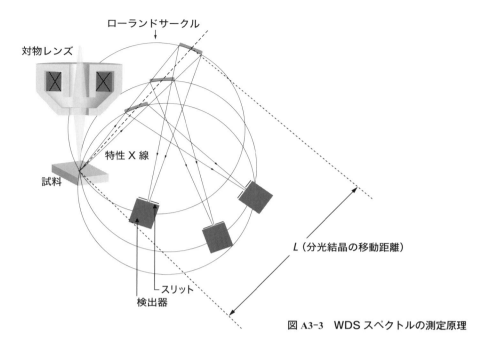

図 A3-3　WDS スペクトルの測定原理

長 λ に変換できる。

$$\lambda = \frac{dL}{nR} \tag{A3-5}$$

λ：特性 X 線の波長　d：分光結晶の格子定数　R：ローランドサークル半径　$n = 1, 2, 3, \cdots$

ここで、ブラッグ反射の原理を図 A3-4 に示す。ブラッグ反射が起こる条件は式（A3-6）で表せる。

$$2d \sin \theta = n\lambda \tag{A3-6}$$

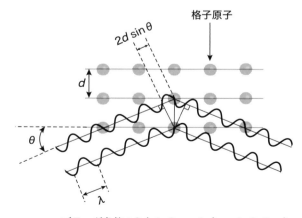

ブラッグ条件：$2d \sin \theta = n\lambda$（$n = 1, 2, 3 \cdots$）

λ：X 線の波長　θ：X 線の入射角　d：格子定数　　図 A3-4　ブラッグ反射の原理

このλに式（A3-5）を代入すると $2d\sin\theta = dL/R$ となる。つまり、WDS で同時に多元素を効率よく分析するためには、格子定数 d の異なる分光結晶を用意した方がよいことになる。そのため、EPMA では d の異なる多数の分光結晶を備えた分光器を複数備えているものが多い。

　この装置の外観を**図 A3-5**（日本電子製 JXA-8230 型、熱電子銃搭載）に示す。WDS は EDSよりは測定時間を長く要するが、その反面、波長分解能が EDS よりも高いのが特徴である。**図A3-6** に示したスペクトルは、チタン合金（チタン、アルミニウム、バナジウムの合金）で、EDS と WDS の両者のスペクトルを比較した結果である。Ti-Kβ 線と V-Kα 線のピークが EDS

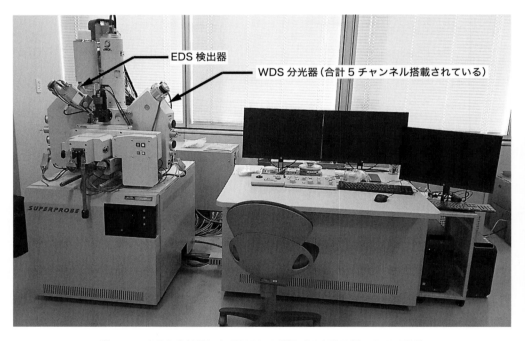

図 A3-5　WDS を付属した EPMA の外観（日本電子製: JXA-8230）

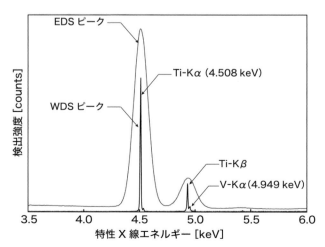

図 A3-6　EDS と WDS の分解能の違い

では区別することができないのに対して、WDS では両元素のピークが細かく分離できている。このオーバーラップでよく話題となる材料がチタン酸バリウムである。この材料に関しても、EDS ではチタンとバリウムがオーバーラップして区別することができないが、WDS を使うことによって両者の特性 X 線ピークは明瞭に分離される。

　EDS と WDS の特徴を比較したものを**表 A3-1** に示す。エネルギー分解能や検出限界は WDS が圧倒的に優れているが、全元素を同時に検出でき、短時間で分析できることや大きな照射電流を必要としない（試料ダメージが小さい）など、操作性の面では EDS が優れている点もある。WDS と EDS では価格の違いもあるが、導入時、あるいは使用時にはこれらの特徴を理解しておくべきである。

表 A3-1　EDS と WDS の特徴比較

	EDS	WDS
測定元素範囲	B〜U	B〜U
分 解 能	130〜140 eV	約 20 eV
測 定 速 度	速い	EDS に比べると遅い
検 出 限 界	1500〜2000 ppm	10〜100 ppm
試 料 損 傷	小さい	大きい
測 定 方 式	半導体検出によるエネルギー分散方式 他元素同時測定が可能	半導体検出による波長分散方式 複数の分光結晶が必要 他元素同時測定は不可

引 用 文 献

1) 大塚徳勝・西谷源展：Q & A 放射線物理（改訂 2 版），共立出版（2015）pp.61-62
2) 木本浩司・三石和貴・三留正則・原　徹・長井拓郎：物質・材料研究のための透過電子顕微鏡，講談社（2020）pp.256-258
3) 内山　郁・渡辺　融・紀本静雄：X 線マイクロアナライザ，日刊工業新聞社（1972）pp.136-140

参 考 文 献

吉田善一：マイクロ加工の物理と応用，裳華房（1998）
日本塑性加工学会 編：機械屋のための分析装置ガイドブック，コロナ社（2012）
木本浩司・三石和貴・三留正則・原　徹・長井拓郎：物質・材料研究のための透過電子顕微鏡，講談社（2020）
福田　覚：放射線技師のための物理学，東洋書店（1996）
SEM 走査電子顕微鏡 A〜Z，日本電子販促資料

コラム❹　　　　　　　　メゾスコピックって知っていますか？

　何かものをみるとき、あるいは物事を把握・理解するさま（立場）として、巨視的とか微視的という言葉が使われるときがあります。前者はマクロスコピック（macroscopic）、後者はミクロスコピック（microscopic）ともいいます。経済の分野ではマクロ経済学（macroeconomics）とかミクロ経済学（microeconomics）といい、前者は国や広い地域を対象とし、後者は家計や一企業を対象とします。

　ところで、物理の世界でも巨視的や微視的という表現があります。この場合、人の肉眼で識別できる程度の大きさを対象にする場合には巨視的、一方、原子・分子レベルの大きさを対象にする場合には微視的という言葉を使います（ただし、顕微鏡で確認できる大きさのものすべてを微視的という場合もあるようです）。では、その中間は何？　と気になります。それがメゾスコピック（mesoscopic）です。meso-とは中間という意味で、-scopic とはみる、観察するという意味を持ちます。残念なことにこの言葉に適当な和訳はないようです。いずれにしても、大きさをマクロ、メゾ、ミクロと三分割したわけです。この中で、マクロスコピックな現象とは、一般に我々が知っている物の性質、例えばアルミニウムの融点は660.3℃、ダイヤモンドは絶縁物で炭（グラファイト）は導体で電気を流す…などです。一方、ミクロスコピックではマクロとは大きく異なり、運が良いと今まで誰も知らなかった物性や現象

（量子効果）が現れ、ノーベル賞レベルの発見になります。

　では、今現在世の中で使われている各種電子デバイス（集積回路 IC）や各種微細構造を有する材料（物質）では、どの領域を対象にしているのでしょうか。実は、そのほとんどがこのメゾスコピック領域に入ります。そして、この領域では何が起こるのか？　というと、あるときはマクロな現象（性質）が、そしてあるときはミクロな現象（量子効果）が起き、あるいはこれら二つの現象が同時に起きているかもしれません。もしかしたら、全く新しいメゾスコピック現象が発生している可能性もあります。

　私は、この極めて複雑で混沌とした世界に大変興味があり夢を感じます。現在、ICT（情報通信技術）が何かと取り上げられ、あらゆるもの（物や情報など）がわかりやすく、またすぐに手に入る便利な社会になりつつありますが、物事の価値や扱いが軽薄短小（粗末）になってしまっているという側面もあると感じます。ものづくりを大切にするのであれば、是非このメゾスコピックという観点から物事を捉えていただきたいと思います。ちなみに、一般的な電子顕微鏡は、まさしくこのメゾスコピック領域を対象としています。あなたが日ごろ SEM で観察している画像の中に、実は新しい発見（宝物）が埋もれているかもしれません。

4 章
試料作製の基本とポイント

　一般に、SEM を用いて試料を観察する場合はバルク*¹ のまま観察すればよいので、SEM 観察の前段階である観察用の試料作製は軽く考えられがちである。しかし、この試料作製で手を抜くと、最後の観察および元素分析で正しい結果が得られない場合がある。このようなことを事前に防止するためには、SEM の基本操作や条件設定と同様に、SEM の基本原理に基づいた試料作製を行う必要がある。

　試料作製というと、高価な断面試料作製装置など高度な加工ツールや試料処理法を使うことを考えがちである。しかし、その第一歩は試料を適当な大きさに切り出して試料台に貼り付け、さらに、絶縁物であれば導電性コーティングをして観察することである。これは、一見簡単なプロセスのように思えるが、色々と注意をしなければならないポイントがある。

　同じ SEM で、同じ条件で観察しているにもかかわらず結果に個人差が出てしまうことがある。一つは、すでに 2 章および 3 章で述べた加速電圧などの条件設定によるものであり、もう一つの原因が SEM の試料作製の違いである。また、試料の表面ではなく内部構造を知りたい場合、断面観察するための加工（断面加工）なくしては目的を達成できない。このようなときは、図 2-41（p.45）に示した FIB などのイオンビームを用いた断面試料作製装置や、ウルトラミクロトーム*² を使うことが推奨されている。しかし、これら装置を目的別に使い分けられるほど贅沢な環境で仕事をしているユーザーはあまりいない。通常の多くのユーザーが置かれている不十分な環境の中でどのようにして目標を達成できるか、本章では試料作製の基本中の基本を十分に解説（失敗から学ぶ経験を含む）した上で、コーティングと断面試料作製について「とりあえず手元にある道具と方法でやってみる」精神でできることを解説する。

※ 4.1　なぜ、試料作製が必要か？　　　　　　　　　　　　　　　　　　　　◆

　試料を SEM で観察および分析する場合、なぜ、色々な試料作製が必要であるのか。光学顕微鏡であれば簡単にできることも、SEM では手間がかかり難しいことが多くある。その理由を熟知することで試料作製の本質が理解できる。すなわち、このことは SEM の基本原理から生じる色々な制約を理解し、その上で間違った試料作製を行わないことにつながる。その制約は以下の三項目である。

＊1　**バルク試料**　ここでは電子線を透過する程度の厚み（100 nm 以下）の薄膜（TEM）試料に対して、ある程度の厚みや体積を持つ塊の SEM（EPMA、オージェ電子分光装置を含む）観察用の試料をいう。
＊2　**ウルトラミクロトーム**　ダイヤモンドナイフで試料を切削しながら薄膜試料を作製する装置。

① SEM では負電荷を帯びた電子が真空中を通して試料に照射される。この電子は真空中のみで進むことができるため、電子源および電子の進路や試料周辺には質の高い真空が必要となる。

② 試料が絶縁物の場合、試料上に照射された電子は動くことができずに帯電する。このため SEM 像上で異常コントラスト（チャージアップ）が発生して観察できなくなる。

③ 電子線の試料内部への進入深さは、およそ 10 μm 程度より浅く、それ以上の深い位置からの情報を得ることができない。

　どれも言われてみれば当たり前のことであるが、① の制約からは、水分や油分など蒸気圧の高い液体状の物質や、ナフタリンなど固体であっても常温常圧で昇華する試料の観察は厳禁であることがわかる。② の制約は、通常の SEM では絶縁物の試料には導電性コーティングが必要になることを示している。そして ③ の制約は、二次電子や反射電子の深さ方向の情報は試料の極最表面にあり、内部構造を正確に知りたい場合は断面観察のための加工などの試料作製が必要となることを示している。これらのような基本原理に基づいた制約を理解することにより、本章で説明する試料作製法の必要性が把握できるようになり、結果として実際のプロセスをスムーズに実行できるようになる。

※ 4.2　正しい試料の固定法　――――――――――――――――――――◆

　試料は基本的には、**図 4-1** に示すような試料台に導電性ペースト（カーボンペースト、銀ペースト、等）や導電性のテープ（カーボンテープ、等）で固定する。このとき、試料表面を観察する場合は、円柱の試料台の上に試料の裏面を固定する。また、断面観察の場合は、円柱の一部を削り取った断面観察用の試料台の側面に固定する。試料台は大きさが決まっているので、大きな試料はこれに合わせるように事前の切り出し（切断）加工が必要となる。また、断面観察が目的となる場合は、観察可能な断面を得るための断面加工[*3]が必要となる。この断面加工法は試料の材質により異なるため、以後順を追って説明する。

　図 4-2 に、実際に販売されている試料台（試料台は SEM メーカーによって互換性がないので注意が必要）、導電性テープの実例を示す。図中の上段 ① ～ ③ は真鍮製で、断面観察が容易になるような形状になっている。下段の ④ ～ ⑦ は表面観察用で、材質は真鍮、アルミおよびカーボンなどがあり、目的に応じて使い分けることができる。また、ここでは 12.5 mm 径の試料台のみを示しているが、他に 32 mm 径の試料台もある。

　試料をこれらの試料台に固定するには、図中右上の銅テープやカーボンテープ、あるいは銀やカーボン粒子が入った導電性ペースト（銀ペースト、カーボンペースト）を用いる。**図 4-3** に具体的な固定方法を示す。テープの場合は適当な大きさにカットしてから試料台上にあらかじめ貼り付けておいて、その上に試料を載せて軽く押しつけて固定する。このテープの接着力

――――――――――――――――――

＊ 3　**断面加工**　ここではカミソリやイオンビーム装置などの道具を使った断面が観察できるような加工を行うことをいう。

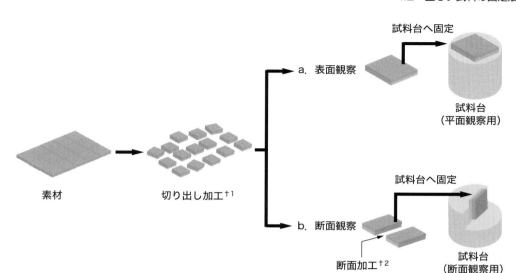

†1：切り出し加工 ⇒ 素材を所望の大きさに切り出すための予備加工
　　（使用する道具：ダイヤモンドカッター、カミソリ、ダイヤペンなど）
†2：断面加工 ⇒ 断面構造を観察するための加工
　　（使用する道具：カミソリ、ダイヤペン、ミクロトーム、イオンビーム機器など）

図 4-1　試料作製の基本的な流れ

試料台（12.5 mm 径）の色々

① 断面用（片面 真鍮製）② 断面用（両面 真鍮製）③ 斜め観察用
（45° 真鍮製）
④ 平面観察用（高さ 5 mm）⑤ 平面観察用（高さ 10 mm 真鍮製）
⑥ 平面観察用（高さ 10 mm アルミ製）⑦ 平面観察用（高さ
10 mm カーボン製）

図 4-2　試料台と試料の固定材

はあまり強くないので、重たい試料を長時間、傾斜したステージに置いておくと、重力で試料
が移動（ドリフト）することがある。その結果、ドリフトの影響で実際の試料形状と異なる画
像が得られるという事態が生じる。特に長時間を必要とする元素マッピングの場合、このドリ
フトの影響は大きい。一方、ペーストの場合は爪楊枝等で試料台の上にこのペーストを塗布し

a. カーボンテープの場合

試料　→

カーボンテープ　→

試料台　→

特徴
・手軽に試料の固定ができる
・剥がすのも容易
・長時間観察・傾斜観察に不向き

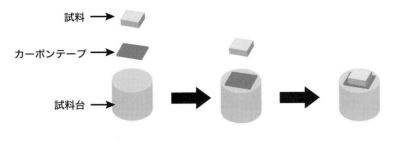

b. カーボンペーストの場合

つまようじ　→

カーボンペイント　→

試料台　→

試料　→

特徴
・重い試料の固定に適する
・ガスが発生するので十分な乾燥が必要
・繊維状、多孔質の試料は吸い上げるの
　で塗布する量に注意が必要

図 4-3　テープとペーストの試料固定法の違い

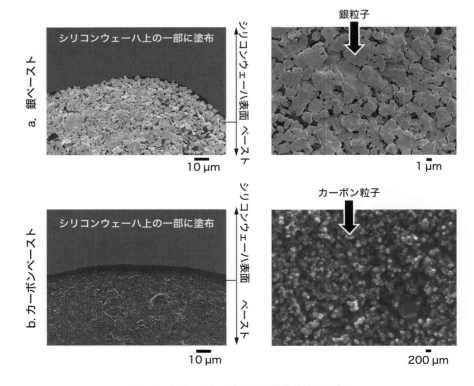

図 4-4　各ペーストに含まれる導電性粒子の違い

てから、試料を上から軽く押しつけて固定する。ただし、ペーストは溶剤成分が揮発するので十分に乾燥させた後で SEM の試料室中に挿入する。このとき、乾燥が不十分であると揮発したガスによって真空劣化や鏡筒内部の汚染が起こるので注意が必要である。

　また、ペーストの主成分は樹脂であり、樹脂中に導電性を持たせるための粒子が分散されている。**図 4-4** は銀およびカーボンペーストの SEM 像である。両者に含まれている導電性粒子を比較すると、銀の粒子はカーボンの粒子に比べてかなり大きいことがわかる。これらの粒子と試料を勘違いして SEM 像を撮影してしまうケースがしばしばみられる。特に銀ペースト中の銀粒子は 5 〜 10 μm と大きいため、接着位置から外れて観察面に再付着することが多い。このような失敗を防ぐため、あらかじめ一度は SEM でペーストを観察し、ペーストに含まれる粒子の形状とサイズを把握しておくことが重要である。

　カーボンテープに関しても、その特徴をあらかじめ知っておく必要がある。カーボンテープは、粘着層の樹脂中に導電性を持たせるためにカーボンブラックという微粒子が分散されている。**図 4-5** の a は、何も試料を載せていないカーボンテープ表面の状態を観察した SEM 像で

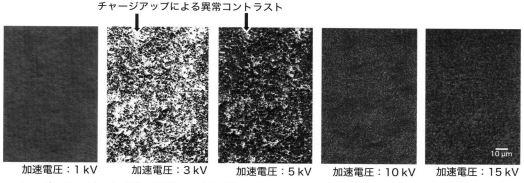

a. カーボンテープのみ（低加速電圧では表面層のチャージアップで異常コントラストが現れる）

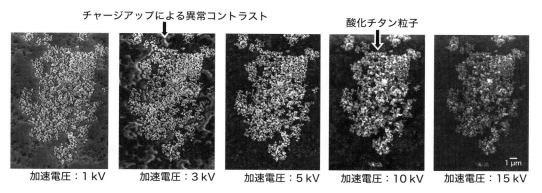

b. カーボンテープ上に酸化チタン粉末を分散（低加速電圧では表面層のチャージアップが粒子と区別困難）

図 4-5　カーボンテープの表面の SEM 像（加速電圧によるみえ方の変化）

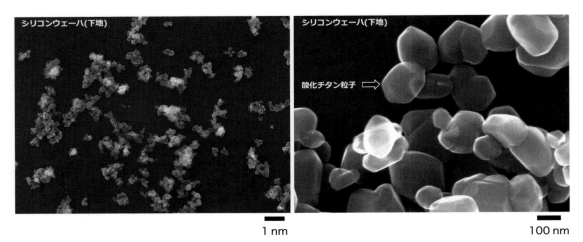

試料：酸化チタン（シリコンウェーハ上に分散）　二次電子像　加速電圧：30 kV

図 4-6　シリコンウェーハへの試料の分散

ある。ここでは、加速電圧を5段階に変えて試料表面のSEM像の変化を比較している。3〜
5 kV の加速電圧では、カーボンテープの樹脂の部分でチャージアップによる異常コントラス
トが発生して、あたかも試料が載っているかのようにみえる。

　また、図中 b は同じカーボンテープ上に、カーボンブラック粒子と同程度の大きさの酸化
チタン（TiO_2）の粒子を分散した例である。このとき、低い加速電圧では上段で確認できた
チャージアップのコントラストが、TiO_2 粒子のコントラストと区別がつきにくくなっている
ことがわかる。これを試料と間違わないように注意することが必要となる。データを取得した
本人はわかっていたとしても、ただデータを受け取っただけの人には理解できないことが多
い。回避方法として、今回の TiO_2 粒子のような数百 nm 以下の粒子径の粉体試料の場合、鏡
面研磨された p 型、あるいは n 型のシリコンウェーハ上に粉体試料を分散すると、バックグ
ラウンドが無地になり見栄えの良いSEM像を得ることができる（図4-6）。ただし、シリコン
より軽い元素で構成されている試料だと、バックグラウンドよりも試料が暗くなる可能性があ
る。また、元素分析を行う場合は、試料にシリコンが含まれていなくても検出元素に現れるこ
とをあらかじめ承知しておく必要がある。

　次に、試料サイズが少し大きな粉体状試料に目を向けてみる。ぎりぎりピンセットでつまむ
ことができる大きさ（1 mm 程度）の砂粒のような試料は、シリコンウェーハ上に載せても基
板上に十分に固定させることができず、搬送中の振動等でシリコンウェーハ上から外れてしま
うことが多い。そこで、このような場合はカーボンテープの上に固定する方法が多く使われて
いる。しかし、カーボンテープは製品によっては表面に大きなうねりがあり、試料のバックグ
ラウンドとして見栄えが悪い。図4-7は、二つのタイプのカーボンテープを用い、それぞれの
テープ上に砂粒を固定して Pt コーティングした試料のSEM像である。図中 a は、表面に多

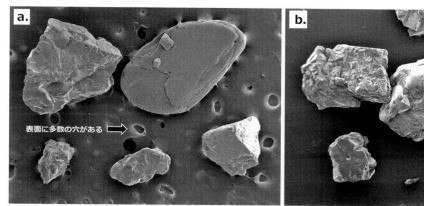

試料：砂　二次電子像　加速電圧：3 kV

100 µm

図 4-7　カーボンテープの表面状態の違い

くの穴があるタイプのテープを用いた場合で、試料である砂粒のバックグラウンドに多くの穴があり、見栄えの良い SEM 像とは言えない。一方、図中 b は凹みのない平らなタイプのカーボンテープを用いた SEM 像である。この場合、粒子以外の形状は観察されず、像の解釈がしやすくなる。さらに SEM 像としての見栄えも良い。つまり、大切なことは、事前に自分が使っているカーボンテープの構造を把握しておくことである。

※ 4.3　チャージアップ現象の発生原理と防止法 ─────────────◆

　チャージアップの理解とその防止法は SEM 試料を扱う上で基本と言える。このチャージアップ防止法は、チャージアップの原理を常に念頭に置いておくと効果的に使うことができる。以下にチャージアップの簡単な原理と、それに基づいたチャージアップ防止法について説明する。

　SEM で観察する試料は、通常は導電性を持つことが必要となる。絶縁物など導電性がない試料の場合、試料上に照射された負電荷を帯びた電子は動くことができず試料上に溜まり、結果として SEM 像上に異常コントラストが現れる。これがチャージアップ現象の発生のしくみである。

　図 4-8 はチャージアップのいくつかの実例を示したものである。図中 a は紙の場合で、異常コントラストが試料全面を覆っている。図中 b は粉体（セッコウ）の例で、この場合は導電性コーティングを行っているが、粉体側面へのコーティング材の回り込みが不十分で、結果として黒い筋状の異常コントラストが現れている。図中 c はカビを観察した例で、チャージアップにより観察中に激しく動いてしまった像となっている。カビのように複雑な形状の試料では、コーティング材がうまく回り込むことができずに、いくらコーティングを追加してもチャージアップを防止するのは難しいことが多い。また、図中 d は花粉の例で、a, b, c でみら

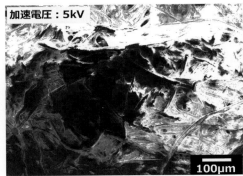

a. 白・黒の異常コントラスト（試料：紙）

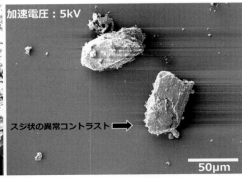

b. スジを引く（試料：セッコウ）

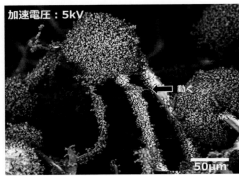

c. 動く（試料：カビ）

d. 複合（ガーベラの花粉）

図 4-8　チャージアップの色々

れたチャージアップの現象がすべて起こっている。

　4.1 節で述べた通り、SEM は負電荷を帯びた電子を試料に照射し、この電子が試料からステージへ、そして、ステージのアースラインに流れることにより正常な観察が可能となる。導電性のある試料ではこの流れが成立する。一方、絶縁物のように導電性が悪い試料の場合は、試料上で電子が留まりこの流れが成立しなくなる。その電子の振る舞いを図 4-9 に示す。チャージアップの有無を数式で示すと以下のようになる。入射電子によって生じる電流 I_o が、二次電子による電流 I_s、反射電子による電流 I_b、およびステージに流れる吸収電流 I_a の和と異なるとき、つまり式 (4-1) が成立するときチャージアップが起こる（図中 a）。

$$I_o \neq I_s + I_b + I_a \tag{4-1}$$

一方、導電性のある試料の場合は、式 (4-2) のようになりチャージアップは起こらない（図中 b）。

$$I_o = I_s + I_b + I_a \tag{4-2}$$

一般に、SEM 観察においては、式 (4-2) が成立するように試料作製方法および観察条件などの選択をする必要がある。

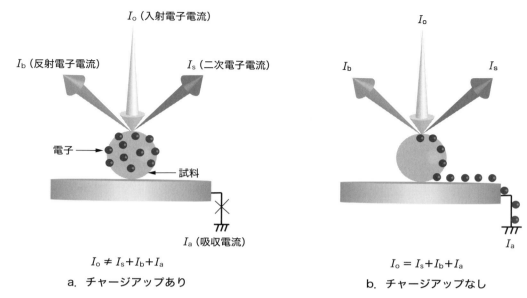

$$I_o \neq I_s + I_b + I_a$$

a. チャージアップあり

$$I_o = I_s + I_b + I_a$$

b. チャージアップなし

図 4-9 **試料表面上で生じる電子線照射による電子の振る舞い（チャージアップの有無の違い）**

4.3.1　絶縁物の観察法

　SEM 観察を必要とする試料は絶縁物であることが多いが、それを理由に絶縁物の SEM 観察をあきらめる訳にはいかない。一般的な SEM での絶縁物の観察法は、① 1 kV 程度以下の低加速電圧での観察、② 導電性コーティングを施す、の二種類がある。図 2-14（p.25）で、二次電子のエネルギースペクトルを示した。横軸は入射電子のエネルギーで、縦軸は入射電子の個数に対する発生した二次電子の個数の比 δ である。ここで、$\delta = 1$ となるときの加速電圧を選ぶと、先に記した式（4-2）が成立することになる。このときの加速電圧は、試料によって異なるが、一般的に 1 kV 以下となる。二次電子放出比 $\delta = 1$ となる点で式（4-2）が成立することで、絶縁物であってもチャージアップが発生せずに SEM 像の観察が可能となる。

　図 4-10 は図 2-14 と同様に二次電子の放出エネルギーを模式的に示した図である。縦軸は放出電子の個数を δ で現している。1 keV 付近の低いエネルギーで現れるピークの周辺で δ は 1 より大きくなる（$\delta = 1$ の位置に線を引いてある）。すなわちこの領域で、入射電子の数より、放出された二次電子の数の方が大きくなる。このとき、$\delta = 1$ となるときのエネルギーのときに式（4-2）が成り立つことになる。多くの試料では、この $\delta = 1$ となる点は加速電圧 1 kV 前後にある。すなわち、この加速電圧近辺では絶縁物でもチャージアップすることなく SEM 観察ができる。

　この結果を用いて、1 kV 程度以下の低加速電圧を用いた絶縁物のチャージアップ回避法について説明する。**図 4-11** にその実例を示す。試料は食塩（塩化ナトリウム）の結晶で絶縁物である。図中 a は加速電圧 1 kV で観察した場合である。絶縁物である食塩の結晶がチャージアップなしに観察することができている。一方、図中 b は同じ試料を 15 kV で観察した場合

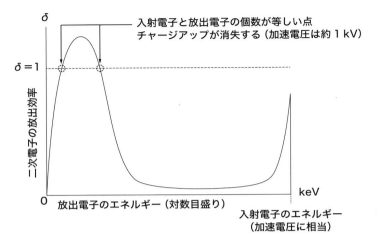

図 4-10　二次電子の発生効率と
チャージアップ防止法

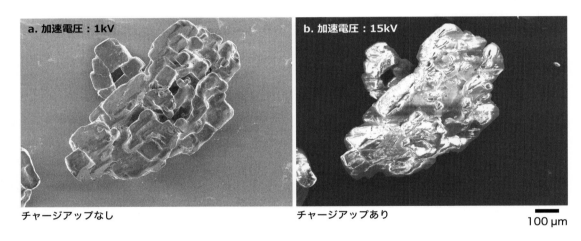

図 4-11　絶縁物の観察（加速電圧変化による像の変化）

であるが、チャージアップによる異常コントラストが発生しており、正しい表面の観察ができ
ていない。最新の SEM では、1 kV 付近での低加速電圧でも非常に高い分解能が得られるよ
うに性能が向上しているため、試料の最表面の微細構造観察のためにこの条件（加速電圧 1
kV 付近）が積極的に使われている。しかし、1 kV 付近の低い加速電圧では、EDS による元
素分析や反射電子の観察は、一般的な SEM では不可能に近い。この場合は、試料表面に導電
性コーティングを行い、高い加速電圧でも観察できるようにすることが必要となる。コーティ
ング装置とコーティング材の使い分けに関しては、4.4 節で詳細に説明する。

4.3.2　チャージアップの勘違い─理解しているつもりが本当は理解していない場合─

　試料作製上の注意点として、試料に導電性があってもステージを通じて試料表面からアース
へ電子が流れずに、チャージアップを起こす場合がある。その典型的な例を図 4-12 に示す。

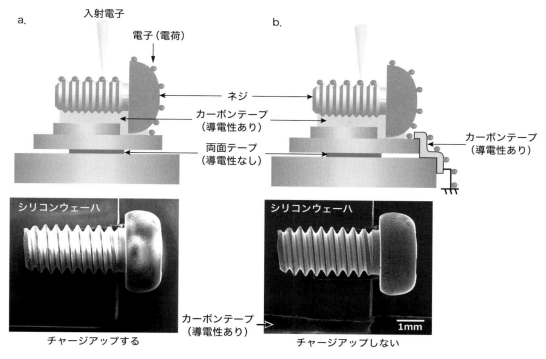

図 4-12　チャージアップの勘違い

　図中 a は金属製のネジをシリコンウェーハ上に固定し、試料台との間を両面テープ（絶縁物）
で固定して観察している。この場合は、両面テープで絶縁されていることでチャージアップが
起こっている。これに気付かないと、原因不明のチャージアップに悩まされて仕事が進まなく
なる。一方、図中 b の場合、導電性のテープでシリコンウェーハと試料台間で導通をとるこ
とにより導電性は確保されチャージアップは消失している。ここでは極端な例を示したが、こ
れはチャージアップの基本的な原理を理解せずに、観察対象の試料が金属だから大丈夫という
思い込みと勘違いで起こるトラブルの典型的なものである。

　また、樹脂包埋した金属試料でも同じようなミスが起こる。試料は金属であるが樹脂で完全
に絶縁されており、電子線を金属部に照射すればチャージアップが起こってしまう。このとき
の対策としては、樹脂包埋された金属と試料ホルダーをカーボンテープでつなぐか、カーボン
コーティングが必要となる。このようなトラブルに悩まされたエンジニアを何人かみてきたこ
とを付け加えておく。

※ 4.4　導電性コーティング法 ―何をどこまでコーティングすればよいのか― ◆

　絶縁物の観察法として、試料表面にスパッタコーティング法や真空蒸着法などにより導電性
のコーティングを行う方法がある。二次電子像だけでなく、反射電子像や元素分析では、絶縁

物であってもある程度高い加速電圧が必要となる。この導電性コーティングは、目的（例えば表面観察や元素分析など）に応じて使い分けをする必要がある。また、導電性コーティングに関しては、「コーティングすることにより試料表面の状態が変わってしまうのでは？」あるいは「何をコーティングすればよいのかわからない」というような声がしばしば聞かれる。そこで本節では、導電性コーティング全般に関してそのポイントを具体的に説明する。

4.4.1　コーティング材料

　複数あるコーティング材料の使い分けについて説明する。ここでは、コーティング材料として白金、金、カーボンの三種類を比較した結果を示す。**図 4-13** の下段は TiO$_2$ 粒子上にそれぞれの材料を用いてコーティングを行ったときの SEM 像であり、上段は同じ場所のコーティング前の SEM（二次電子）像である。導電性コーティングによって以下のような変化が生じていることがわかる。

　図中 a に示した白金コーティングの場合、コーティングのない場合に比べ表面に小さな粒子状の構造体が均一にみられるがあまり目立たない。図中 b に示した金コーティングの場合は、コーティングをすると島状の金による粒子が表面全体を覆っているのがわかる。白金と比べるとかなり目立つ。図中 c はカーボンの場合で、白金や金のような粒子状あるいは島状の構造は

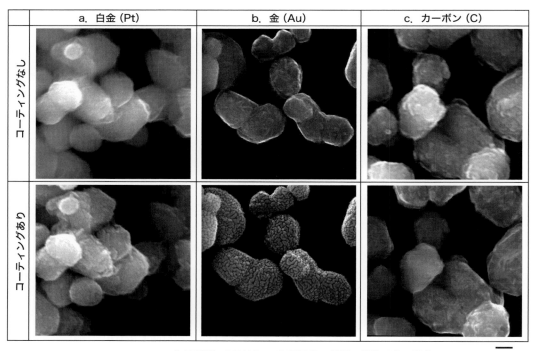

加速電圧：15 kV　二次電子像　試料：酸化チタン粉体　　100 nm

図 4-13　コーティング材の影響

表 4-1　導電性処理のためのコーティング材と適正

コーティング材料	1. 白金（Pt）	2. 金（Au）	3. カーボン（炭素：C）
コーティング装置	スパッタコータ 電子ビーム蒸着	スパッタコータ 真空蒸着装置	真空蒸着装置 カーボンコータ 電子ビーム蒸着
目的別評価　二次電子観察	◎ 粒状性がよくすべて の倍率で適する	○ 粒状性が大きいので 1 万倍程度まで	△ 二次電子の発生効率 が落ちる
目的別評価　反射電子観察	△ 原子番号コントラスト が低下する	△ 原子番号コントラスト が低下する	◎ 高い原子番号 コントラスト
目的別評価　元素分析	△ 妨害ピークが多い 微量元素の特性 X 線 の吸収が大きい	△ 妨害ピークが多い 微量元素の特性 X 線 の吸収が大きい	◎ 妨害ピークが少ない 微量元素の特性 X 線 の吸収が小さい

◎：最も適する　　○：使用可能　　△：使用可能であるが制約が大きい

みられないが、TiO₂ 粒子の輪郭がやや大きくなり、さらに全体にボケが生じているようにみえる。これは、カーボン自身が軽元素であり二次電子の発生効率が小さくなるためである。

　表 4-1 に各コーティング材の観察目的に対する具体的な適性をまとめた。白金および金は二次電子の発生効率が高くなり、主に二次電子像による表面観察に適している。また、白金は金よりもコーティング膜の粒子状の構造体が小さいため、より高い倍率での観察が可能となる。金の場合は比較的大きな島状構造にコーティングされるため、1 万倍以上の高倍率の観察には不向きである。一方、軽元素のカーボンは表面形体の二次電子による観察には適しておらず、反射電子像の観察や元素分析に適している。このように、材料ごとに違いはあるものの、共通して言えるのは、いずれのコーティング材も試料表面に少なからず変化を与えているということである。そのため、どの程度コーティングすれば観察に影響を与えないか、という限界を知っておく必要がある。これに関しては、よく使われている各種コーティング装置の特性と併せて以下に説明する。

4.4.2　コーティング装置

　コーティング装置は、Pt や Au などをコーティングする**スパッタリング装置**と、カーボンをコーティングするための**カーボンコーティング装置**の二種類が多く使われている。

　まず、Pt や Au 用のスパッタリング装置について説明する。**図 4-14** は、白金や金をコーティングするためのスパッタリング装置（日本電子製 JEC-3000FC）の外観（図中左）と、原理（図中右）である。装置の構造としては、チャンバ内に試料を置くステージがあり、この上部には Pt ターゲットがセットされている。このステージに試料を置いた後、ロータリーポンプで真空排気を行う。真空度が約 10 Pa 以下になったところでアノードとカソード間に直流電圧を印加する。これにより、チャンバ内の残量ガスあるいはスパッタ用に導入されたアルゴン

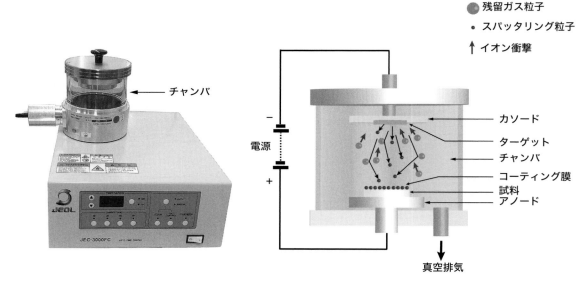

● 残留ガス粒子
• スパッタリング粒子
↑ イオン衝撃

チャンバ

カソード
ターゲット
チャンバ
コーティング膜
試料
アノード

電源
−
+

真空排気

スパッタリング装置の外観
（日本電子製　JEC-3000FC）

スパッタリングの原理図

図 4-14　スパッタリング装置の外観とその原理

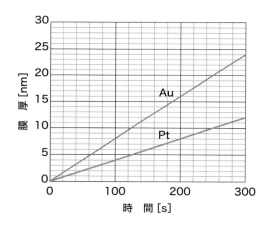

図 4-15　スパッタリング装置のコーティング特性

ガスがイオン化され、このうち陽イオンがカソード側の Pt ターゲットに衝突することで Pt が剥がされる（スパッタリングされる）。そして、このときに生じた Pt 粒子が試料表面上に堆積することでコーティングが行われる。コーティングの膜厚は時間とアノード−カソード間に生じるイオン電流でコントロールできる。

　図 4-15 は白金と金のコーティング膜厚の時間による変化を示すグラフである。金は白金よりもスパッタリングレートが高く、Pt の 2 倍のレートでコーティングされる。このコーティング膜厚の変化が試料形状に与える影響を、Pt のコーティング膜で調べた結果が**図 4-16**、その部分拡大が**図 4-17** である。試料は酸化チタン粒子で、Pt の膜厚を増やして表面形状および粒子径の変化を SEM 像により調べた。図 4-16 で用いた比較的低い観察倍率（8 千 〜 1 万倍

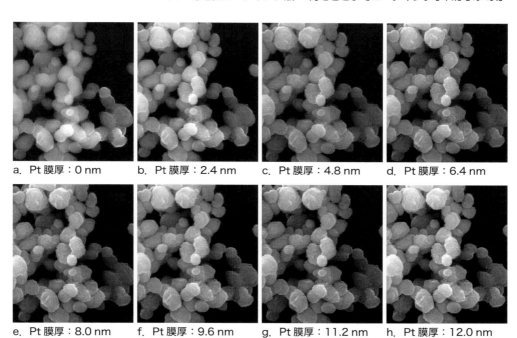

a. Pt 膜厚：0 nm   b. Pt 膜厚：2.4 nm   c. Pt 膜厚：4.8 nm   d. Pt 膜厚：6.4 nm

e. Pt 膜厚：8.0 nm   f. Pt 膜厚：9.6 nm   g. Pt 膜厚：11.2 nm   h. Pt 膜厚：12.0 nm

200 nm

加速電圧：15 kV　二次電子像　　試料：酸化チタン粒子

図 4-16　白金コーティング膜厚と表面状態の変化（比較的低い倍率）

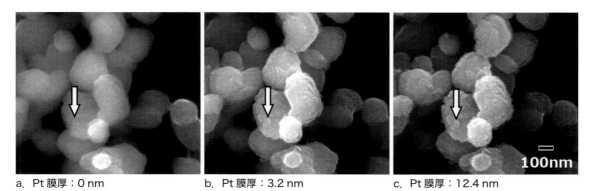

a. Pt 膜厚：0 nm   b. Pt 膜厚：3.2 nm   c. Pt 膜厚：12.4 nm

➡ は、同一場所を示す。

加速電圧：15 kV　二次電子像　　試料：酸化チタン粒子

図 4-17　白金コーティング膜厚と表面状態の変化（比較的高い倍率）

程度）では、ほとんど表面状態や粒子の外形に変化がみられない。一方、観察倍率を拡大した（5万〜7万倍程度）図 4-17 の場合には、酸化チタン粒子の表面に Pt のスパッタ粒子と思われる構造が、膜厚の増加とともに目立ってくる。これらの結果から、Pt のコーティング膜では、観察倍率が 5万〜7万倍程度で膜厚が 3 nm 程度であれば試料の表面形体の評価にそれほ

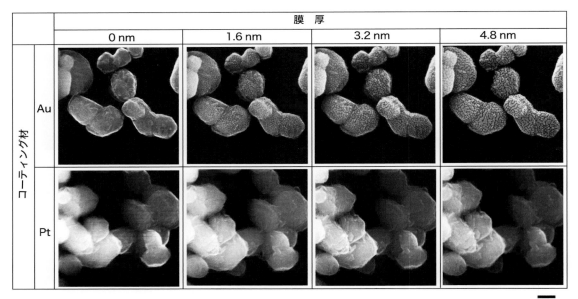

加速電圧：15 kV　二次電子像　試料：酸化チタン粒子　　100 nm

図 4-18　白金と金のコーティングの粒状性の違い

ど影響されないことがわかる。

　一方、金のコーティングでは事情が異なる。**図 4-18** は白金と金のコーティング膜を、お互いに同じ膜厚で酸化チタン粒子上にコーティングしたときの SEM 像の比較である。図中上段は Au のスパッタ膜の膜厚増加に伴う試料表面への影響を示す SEM 像であり、下段は Pt のスパッタ膜の膜厚増加に伴う試料表面への影響を示す SEM 像である。Pt に比べ Au のスパッタ膜の表面構造（島状構造とも呼ばれている）は大きく、１万倍程度でも本来の試料表面の構造がわからなくなっている。以上の結果から、Pt によるスパッタ膜は粒状の構造が小さく、比較的高倍率でも試料評価に影響を与えにくいが、Au のスパッタ膜は少ない膜厚でも Au の粒状性が大きく、試料の表面構造をわからなくしていることが考察される。この結果は、両者には観察倍率によって使い分けが必要であることを示している。つまり、金の場合は１万倍以下、それ以上は白金が適している。一方、EDS 等の元素分析を必要とする場合は、金や白金のコーティング材自身のスペクトルピークが試料のスペクトルピークとオーバーラップすることがある。また、金や白金自身の X 線の吸収が激しいため適さないことがあるので注意が必要である。

　次に、カーボンコーティング装置とコーティングの原理について説明する。**図 4-19** 中の左はカーボンコーティング装置（カーボンコータ；日本電子製 JEC-32010CC 型）の外観で、図中右はコーティングの原理を示している。はじめに、ロータリーポンプで真空排気されたチャンバ内で、シャープペンシルの芯のような棒状のカーボンに電気を流し、発生するジュール熱を利用してこの固体状のカーボンを昇華させる。このとき、昇華したカーボン粒子が図中下部

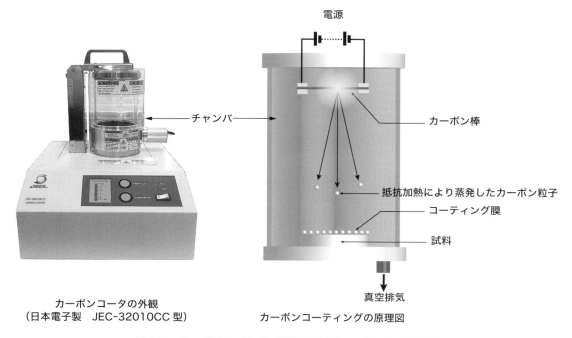

電源

チャンバ

カーボン棒

抵抗加熱により蒸発したカーボン粒子

コーティング膜

試料

真空排気

カーボンコータの外観
（日本電子製　JEC-32010CC 型）

カーボンコーティングの原理図

図 4-19　カーボンコーティング装置の外観とコーティングの原理

　に置かれた試料表面にコーティングされる。なお、この方法においては加熱時にチャンバ内が非常に高温になることから、熱に弱い試料には注意が必要である。

　図 4-20 にカーボン膜のコーティング前後の試料表面の SEM 像を示す。試料は酸化チタン粒子である。図中 a のコーティング前の像と図中 b のコーティング後を比べると、コーティングすることにより下地（試料）表面の構造が不鮮明になってしまっている。これは、コーティングされた試料からの二次電子の発生量が減少するためで、カーボン膜の場合は二次電子像による表面観察には不向きであることがわかる。一方で、カーボンは軽元素であり電子線や

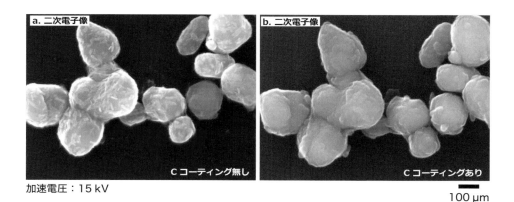

a. 二次電子像

b. 二次電子像

C コーティング無し

C コーティングあり

加速電圧：15 kV

100 μm

図 4-20　カーボンコーティングによる表面の変化（試料: 酸化チタン粉体）

X線の吸収が少なく、特性X線のピークも低エネルギー側に1本現れる（カーボンのエネルギー値: 0.277 keV）だけであるので、元素分析には適しているといえる。ただし、分析対象元素がカーボンの場合は、別のコーティング材を選ぶ必要があるのは言うまでもない。さらに、このカーボンは電子線の吸収が少ないことから、反射電子像による原子番号コントラストの観察にもこのコーティングが適している。

　以上のように、絶縁物へのコーティングでは、表面形状観察を重視するか、倍率はどれくらいか、反射電子像や元素分析を重視するか、などの目的によって、コーティング材料およびコーティング法をあらかじめ決めておく必要がある。コーティング後では後戻りできない。なお、ここでは説明していないが、近年は、真空蒸着装置や電子ビーム蒸着装置、コーティング材の回り込み特性が優れているオスミウムコータなども使われている。これらについては参考文献（例えば、日本顕微鏡学会関東支部 編 (2011) など）を参照してほしい。

※ 4.5　効率よくコーティングするための試料固定法 ─────────────◆

　これまで、チャージアップの原理および試料固定法の基本、さらに導電性コーティングについて解説してきた。しかし、いくらコーティングしてもチャージアップが止まらないというような話をよく耳にする。その原因はいくつか考えられる。本節で原因と解決法をみていく。

4.5.1　チャージアップさせないための試料固定法およびコーティング法

　チャージアップしてしまう原因を追求すると、試料の固定法にたどり着くことがよくある。これは、試料の形状に起因することが多く、特に球形の試料や厚い試料などでたびたび起こる。例えば、図 4-21 に示すような球形の試料は典型的なものである。このような球形の試料を通常の方法でカーボンテープ上に固定して導電性コーティングをすると、半分より下側（南半球）は影になり十分コーティングされていない状態となってしまう（図中 a）。この状態でいくらコーティングを追加してもチャージアップは止まらない。このような場合は、図中 b に示すように球状試料の下側半分をカーボンペーストで覆うとよい。

　図 4-22 は実際の試料で試した例である。試料は球形の顆粒である。図中 a（上段）はこの顆粒をカーボンテープ上に固定した後に Pt コーティングしたときの SEM 像である。低加速電圧でもチャージアップが起こっており、SEM 観察は不可能である。一方、図中 b（下段）は顆粒の下半分をカーボンペーストで覆った後に全体を Pt コーティングしたときの SEM 像である。なお、Pt コーティングは図中 a と同じ条件（同時コーティング）である。

　このように、カーボンペーストにより、試料表面のコーティング膜とアースになっているステージの間を導通させることができる。加速電圧を上げてもチャージアップは起こらず、この方法が有効であることがわかる。ただし、ここで使用した顆粒の直径は約 1 mm である。この大きさであればピンセットで粒子をハンドリングすることは十分可能で、粒子の下半分をカーボンペーストに埋め込むのはそれほど難しくない。しかし、直径が 1 mm を大きく下回る粉体

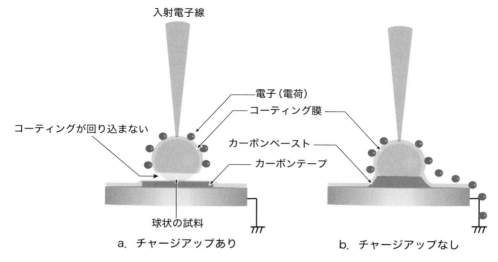

入射電子線

電子（電荷）
コーティング膜
カーボンペースト
カーボンテープ

コーティングが回り込まない

球状の試料

a．チャージアップあり　　　　b．チャージアップなし

図 4-21　チャージアップしないコーティング法の原理（ミリ単位の大きな試料）

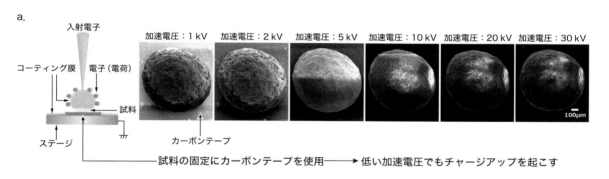

a.

入射電子

コーティング膜　電子（電荷）

試料

ステージ

カーボンテープ

加速電圧：1 kV　加速電圧：2 kV　加速電圧：5 kV　加速電圧：10 kV　加速電圧：20 kV　加速電圧：30 kV

100μm

試料の固定にカーボンテープを使用 ──→ 低い加速電圧でもチャージアップを起こす

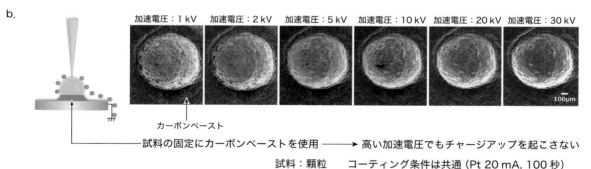

b.

加速電圧：1 kV　加速電圧：2 kV　加速電圧：5 kV　加速電圧：10 kV　加速電圧：20 kV　加速電圧：30 kV

100μm

カーボンペースト

試料の固定にカーボンペーストを使用 ──→ 高い加速電圧でもチャージアップを起こさない

試料：顆粒　　　コーティング条件は共通（Pt 20 mA, 100 秒）

図 4-22　チャージアップしないコーティング法の実際（ミリ単位の大きな試料）

では、カーボンペーストで半分だけ埋めることは非常に難しい。

　このような場合、効果的なのが文房具用の両面テープである。**図 4-23** に、両面テープを用いて試料を固定したときと（図中 b）、シリコンウェーハ上に試料をただ直接載せたとき（図中 a）の様子を模式的に示す。図中 a は、10 μm 程度の粉体状試料をシリコンウェーハなど平

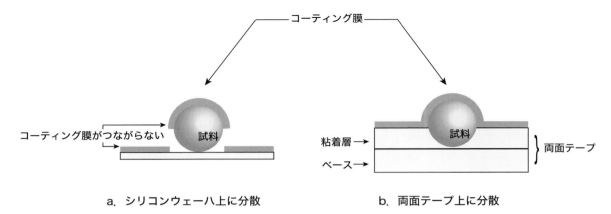

a. シリコンウェーハ上に分散　　　　b. 両面テープ上に分散

図 4-23　チャージアップしないコーティング法の原理（10 μm 程度の試料）

面性の高い基板上に分散した後に Pt コーティングした。一方、図中 b は両面テープ上に同じ粉体を分散した後に軽く押し込み、そして Pt コーティングした。同じ条件でコーティングしても、図中 a ではコーティング材が回り込まないが、図中 b の場合には粒子の下半分が両面テープの粘着層に埋まり、コーティング膜が基板とつながる状態となることが予測できる。

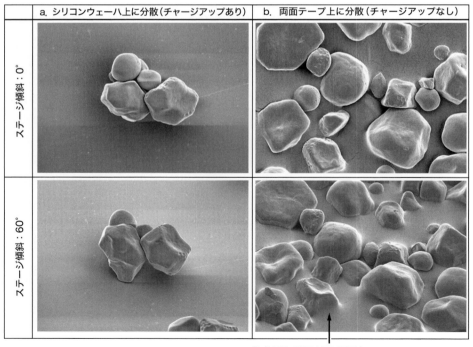

図 4-24　チャージアップしないコーティング法の実際（10 μm 程度の試料）

図4-24は、コーンスターチ（デンプン粒）を用いて実際にこの方法を試した結果を示している。図中aは図4-23aで示したようにシリコンウェーハ上に粒子を分散した例である。一方、図中bの場合は両面テープ上に分散して薬包紙などで軽く上から押し付けた後にPtコーティングしている。その結果、両面テープを用いた場合では試料はチャージアップせずに観察できている。一方、シリコンウェーハ上に粉体を置いたままの状態ではチャージアップが生じている。さらに、このときステージを45°傾斜して同じ位置で観察すると、両面テープの粘着層にコーンスターチの粒子が半分程度埋まっており、コーティング膜による試料台への導通が保てたことが確認できる。

以上のような導通の問題は、**図4-25**に示すような比較的厚い平板の絶縁性試料でも生じる。試料が厚い（1 mm以上）場合、コーティング膜が試料の端面に回り込み難くなる。そのためコーティング前に試料表面の周辺部の一部をカーボンテープで覆い、その後、全体をコーティングすることが必要である。

図4-26に実際の例を示す。試料は厚紙である。図中aは紙をカーボンテープ上に固定した後にPtコーティングしている。一方、bは紙を同じように固定した後にさらに紙の表面の4片をカーボンテープで覆い、その後Ptコーティングしている。SEMの観察条件は両者同じでも、図中aはチャージアップを起こし、図中bはチャージアップを起こしていない。図aでチャージアップしたのは、図4-25で説明したように試料に厚みがあるため、カーボンテープの上に載せただけではコーティングしても端面まで十分コーティングされず、表面と試料台との間の導通が確保できなかったからである。このトラブルは、チャージアップとコーティング

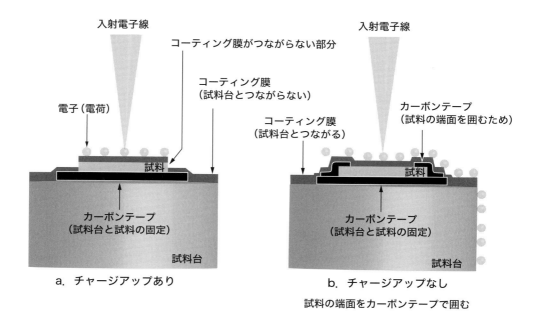

図 4-25　チャージアップしないコーティング法の原理（厚みのある平面状試料）

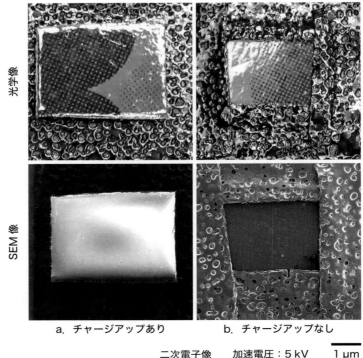

光学像

SEM像

a. チャージアップあり　　　　b. チャージアップなし

二次電子像　　加速電圧：5 kV　　1 μm

図4-26　チャージアップしないコーティング法の実際（厚みのある平面状試料）

の原理、試料の固定材の特徴をよく理解していれば防げるものである。つまり、単純に導電性がある試料ならチャージアップしないということではなく、照射された電子が留まることがないよう、試料台、さらにはステージを通してアースに流れるよう導電性をつくる工夫が必要である。このことを常に念頭に置いておくと良い結果が得られる。

4.5.2　カーボンペーストを使用したときの落とし穴

　ここまで、試料の固定法とコーティングの関係について説明してきた。しかし、もう一つ注意事項がある。それは、多孔質試料をカーボンペーストで固定しようとする場合に起こる毛細管現象である。カーボンペーストは粘性があまりなく、そのため試料に接触させた瞬間に毛細管現象で多孔質試料の細孔がカーボンペーストを吸い上げてしまうことがある。**図4-27**は2つのバルサ片をそれぞれカーボンペーストまたはカーボンテープで固定して比較した光学顕微鏡像である。なお、両者ともこの時点では導電性コーティングはしていない。図をみると、カーボンテープで固定した試料は変化がないが、カーボンペーストで固定した試料は、バルサ材内部を貫通する道管（円形の空洞）部分が黒くなっていることがわかる。これは、毛細管現象で道管部分がカーボンペーストを吸い上げたことが原因である。

　これらの試料に導電性コーティングを行い、SEM観察した結果を**図4-28**に示す。図中aお

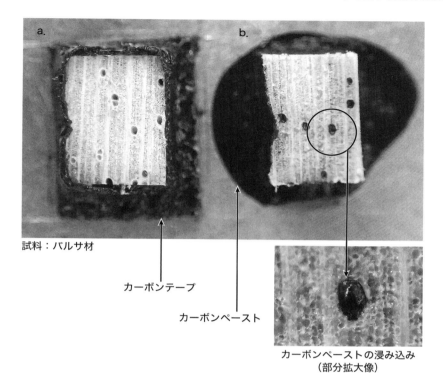

試料：バルサ材

カーボンテープ

カーボンペースト

カーボンペーストの浸み込み
（部分拡大像）

図 4-27　カーボンペーストの使用上の注意（光学顕微鏡像）

よび c は、カーボンテープで固定されているので道管は空洞の状態が保たれている。一方、図中 b および d では、カーボンペーストを吸い上げてしまっているために本来空洞のはずの道管部分が異物で埋まった状態になっている。この場合、4.2 節で説明した通り、あらかじめカーボンペーストの導電性粒子の形状を確認しておけばトラブルに気付くことができる。また、実体顕微鏡下で観察しながら試料固定すれば、道管のような細孔部分が一瞬で黒くなることがわかり、SEM 観察する前にトラブルを防ぐことができるが、いきなり d の SEM 像をみても、カーボンペーストを吸い上げているとは気付かない場合が多い。このような多孔質試料の場合は、カーボンペーストではなくカーボンテープを用いた方がよい。どうしてもカーボンペーストを使う必要がある場合は、カーボンペーストの溶剤を十分揮発させてカーボンペーストの粘性を上げておくか、使用量を減らすことで改善できる。

4.5.3　チャージアップする試料の取り扱い

　チャージアップが起こりやすい試料を観察する際に、適切な加速電圧を決めるときの注意事項がある。それは、低い加速電圧からできるだけ小さいステップで徐々に上げていき、チャージアップしない最大の加速電圧を見つけ出すことである。このとき、一気に高い加速電圧で観察してチャージアップさせてしまった後では、加速電圧を下げてもチャージアップは消失しな

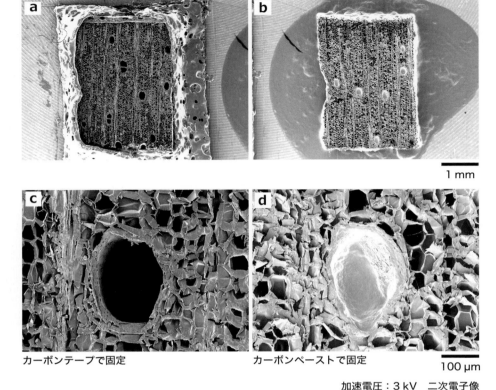

カーボンテープで固定　　　　　　　　　カーボンペーストで固定

加速電圧：3 kV　二次電子像

図 4-28　カーボンペーストの使用上の注意（SEM 像）

くなる。**図 4-29** に例を示す。試料は火山灰の粒子で白金コーティング済みである。加速電圧を 1 kV から 1 kV ステップで上げていくと、3 ～ 10 kV あたりでチャージアップが発生する。一度チャージアップを発生させてしまうと、再び 1 kV に戻しても真空内ではチャージアップは消失しなくなる。このチャージアップを消すためには、試料を一旦大気中へ戻せばよい。

4.5.4　スキャンスピードとチャージアップの関係

　これまで、チャージアップ防止の対策として、適切な試料の準備法（試料の試料台への固定法、導電性コーティング法の選択）と加速電圧の設定が重要であることを説明してきた。さらに、チャージアップ防止のためのもう一つのポイントは、電子プローブのスキャンスピードである。1 フレームを電子プローブが 1 回スキャンする時間でチャージアップが変化するということである。比較的速いスキャンスピード（短い時間）ではチャージアップしないが、スキャンスピードを遅く（時間を長く）すると、電子線が試料上に留まる時間が長くなるのでチャージアップが増加してくる。

　図 4-30 は、自動車のボディに付着したスギ花粉や埃^{ほこり}を両面テープで採取し、Pt コーティン

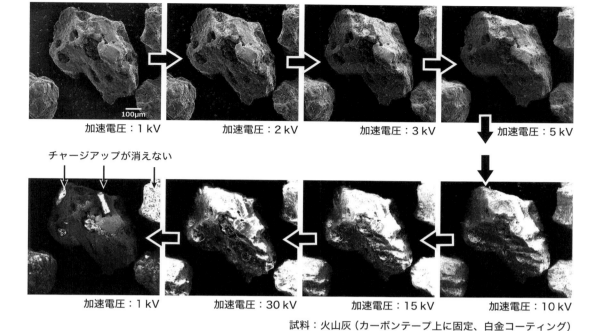

加速電圧：1 kV　　　　加速電圧：2 kV　　　　加速電圧：3 kV　　　　加速電圧：5 kV

チャージアップが消えない

加速電圧：1 kV　　　　加速電圧：30 kV　　　　加速電圧：15 kV　　　　加速電圧：10 kV

試料：火山灰（カーボンテープ上に固定、白金コーティング）

図 4-29　チャージアップさせない加速電圧の選択法

グした試料を、スキャンスピードを変化させて撮影した SEM 像である。通常であれば、スキャンスピードが遅くなると画質が向上するので、1 フレームあたり 60 ～ 120 秒程度の長めの時間で SEM 像を撮影する場合が多い。しかし、今回のようにチャージアップしやすい試料の場合は、単位時間あたりの電子の照射量が増加するためにチャージアップが顕著になる。したがって、このような試料では、スキャン時間を短め（30 秒以下）にして SEM 像を撮影するとチャージアップを比較的小さくすることができる。しかし、画質は劣化するので、通常は推奨できない。画質が気になる場合は、以下の方法を検討してほしい。

4.5.5　究極のチャージアップ回避法

　前項で説明した通り、SEM 像の撮影時のスキャンスピードを速くするとチャージアップが減少するが、画質が劣化してしまう。その場合は画像の積算が有効である。1 回のスキャン時間（1 フレームを 1 回スキャンする時間）は 1 秒以下で、50 ～ 100 回程度積算するとチャージアップせずに高画質の SEM 像を得ることができる（この機能は SEM のグレードによっては不可能な場合がある）。**図 4-31** に、前の図と同じ試料（スギ花粉と埃）で、積算回数を変化させた SEM 像を比較した結果を示す。図中 a はスキャン時間 0.4 秒で 1 スキャンのみで撮影した結果で、チャージアップはないが画質は落ちている。一方、図中 b は積算機能を使って 0.4 秒スキャンを 50 回積算した SEM 像である。チャージアップはみられず画質も十分である。

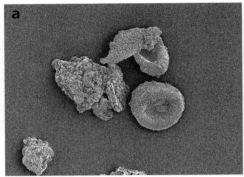
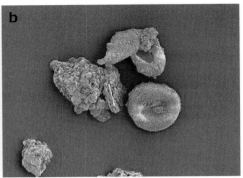

スキャン時間：0.4秒　　　　　　　　　スキャン時間：3.3秒

スキャン時間：38.4秒　　　　　　　　　スキャン時間：76.0秒

スキャン時間とチャージアップの変化

試料：スギ花粉とホコリ　　加速電圧：3kV　　10μm

図4-30　スキャンスピードとチャージアップ

　図中cは76秒で1スキャンしたSEM像で、この場合はチャージアップが生じてしまっている。このようなことから、やはり積算回数を増やすことが有効であることがわかる。このように、一般的には積算回数を増やせば画質はそれなりに向上する。しかし、試料のドリフトの影響が大きくなるため、高い倍率では推奨できない方法でもある。

※ 4.6　そうは言っても、コーティングしたくない！

　元素分析や反射電子像観察が目的で、高い加速電圧で観察が必要な場合でも、どうしても試料にコーティングしたくない場合がある。理由としては、SEM観察後に次のプロセスに移す、宝石のようにコーティングすると試料の価値が低下する、コーティングしている時間がない、コーティングが面倒（手抜きをしたい）などである。**図4-32**は灰クロム柘榴石という鉱物で、きれいな緑色をしている（口絵Ⅲ）。このような鉱物のSEM観察や分析を行うためには、教科書的には、絶縁物なので低真空SEMがない限り導電性コーティングが必要となる。全部をコーティングするのはもったいないので、図に示す通り一部を欠いてコーティングすることに

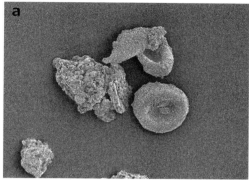

スキャン時間：0.4 秒　　　1 回のみ

スキャン時間：0.4 秒　　　50 回積算

a.　チャージアップなし　画質低
b.　チャージアップなし　画質高
c.　チャージアップあり　画質高

スキャン時間：76 秒　　　1 回のみ

画像積算によるチャージアップの軽減

試料：スギ花粉とホコリ　　　加速電圧：3 kV　　　10 µm

図 4-31　画像積算によるチャージアップの防止

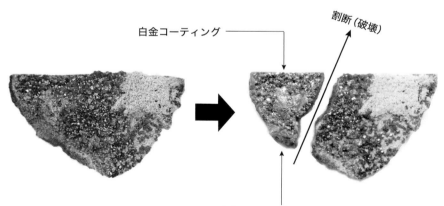

白金コーティング

割断（破壊）

こんなことはしたくない !!（涙）　　　試料：灰クロム柘榴石

図 4-32　コーティングを避けたい試料の観察法

a,b,c:光学像
d:SEM像(導電性コーティングなし)

100μm

反射電子像（5 kV）　　　試料：灰クロム柘榴石

図 4-33　光学顕微鏡像と SEM 像の対比の重要性

なるが、本来の色は失われてしまい、鉱物としての価値は落ちてしまう。そんなコーティング
を避けたい試料の観察手段として、反射電子を使う方法がある。すべての試料に適用できるわ
けではないが、鉱物やセラミックスの一部では有効な方法となる。

　図 4-33 にこの灰クロム柘榴石の、反射電子像を用いた無コーティング観察例を示す。図中
a, b および c は光学顕微鏡像、図中 d は加速電圧 5 kV で同じ場所を無コーティングで観察し
た反射電子像である。チャージアップの影響を受けることなく高い加速電圧での観察ができて
いることがわかる。さらに、この試料を EDS により元素分析した結果を図 4-34 に示す。こ
の分析においては、加速電圧は 10 kV と比較的大きめではあるものの、定性分析および元素
マッピングは問題なく行うことができている。

　その他、図 4-35 にいくつかの絶縁物試料でコーティングなしの状態で観察した反射電子像
を紹介する。図中 a,b は食塩（塩化ナトリウム）の結晶である。a は加速電圧 15 kV での二次
電子像、b は同じ加速電圧 15 kV での反射電子像である。二次電子像ではチャージアップのコ
ントラストで食塩結晶の表面がよくみえないが、反射電子像ではチャージアップの影響なく観
察できている。c はアルミナの焼結体で、加速電圧 15 kV の反射電子像で観察するとチャージ
アップの影響なしに観察できている。d は海砂で、加速電圧 15 kV での反射電子像で同様に

EDSスペクトル(加速電圧:10kV)

反射電子像 (5 kV)

元素マッピング(加速電圧：10 kV)

試料：灰クロム柘榴石

図 4-34　元素分析例

チャージアップの影響なしに観察できている。

※ 4.7　低真空 SEM、Cryo-SEM の活用 ◆

　　これまで通常の（高真空）SEM を用いたときの絶縁物の観察法を説明してきたが、特殊な観察用途に特化した SEM や付属装置がある。本節ではそれらの概略を説明する。

4.7.1　低真空 SEM

　絶縁物にも使用できる観察装置として、低真空 SEM がある。装置の構成と観察例を**図 4-36**に示す。試料周辺を通常の SEM のような高い真空ではなく、数十 Pa 程度の低い真空に保つことによって、真空内に残存する空気や導入したガスの分子がある一定量存在するようになる。このわずかな分子は、電子ビーム照射によりイオン化され、試料表面に生じた帯電を中和する。このことによってチャージアップが抑えられる仕組みである。そのため、低真空 SEM においては試料のチャージアップの程度に応じて真空度を調整することができるようになっている。このとき、試料室とその上の結像系および照射系の真空は、オリフィス（絞り）で隔てられており、試料室のみが低真空に保たれている。また、従来型の二次電子検出器は検出器の

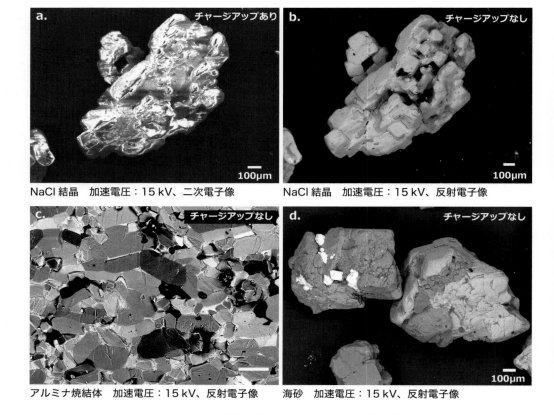

NaCl 結晶　加速電圧：15 kV、二次電子像　　　NaCl 結晶　加速電圧：15 kV、反射電子像

アルミナ焼結体　加速電圧：15 kV、反射電子像　　海砂　加速電圧：15 kV、反射電子像

図 4-35　反射電子を使った無コーティング観察の例

先端に高電圧を印加するために、低真空状態では使用できない。そのため、一般的には反射電子像を用いて観察する。図中右上の SEM 像は高真空モード、右下は低真空モードで布の表面をそれぞれ観察し、それらの結果を比較したものである。低真空モードを使用することにより、チャージアップしやすい布の試料が鮮明に観察できる。

　さらに低真空 SEM ならではの応用を二例紹介する。ここで、使用した装置は日本電子製の卓上 SEM である JCM-7000（低真空機能付き）を用いた。一つめは、フラサバソウの花のめしべ先端を観察したものである（**図 4-37**）。図中 a は真空排気直後の低真空 SEM（反射電子）像である。めしべの先端に付着している花紛（一部花粉管を伸ばしている）や軸、花びらの細胞が収縮することなく観察できている。一方、同図 b は 30 分程度観察を続けた後の同じ場所の像である。めしべ先端や花びらの細胞が収縮していることがわかる。一般的に SEM には水は厳禁であるが、植物細胞のような比較的含水量が少ない試料の場合、低真空 SEM であればある程度の時間は含水状態で観察が可能であることがわかる。

　二つめとして、**図 4-38** に塩化カルシウム粉体の観察例を示す。図中上段は大気中の光学顕微鏡像であり、図中下段は低真空 SEM 像である。塩化カルシウムは粉末状で潮解性があり、

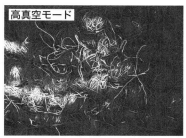

高真空モード

チャージアップあり

低真空モード

チャージアップなし
加速電圧：10 kV

500 µm

オリフィス
反射電子検出器

イオン化したガス分子

帯電した電子

試料

a. 構 成

b. 観察事例（試料：布）
　（装置 日本電子製 JCM-7000）

図 4-36　低真空 SEM の概要

a. 真空排気直後

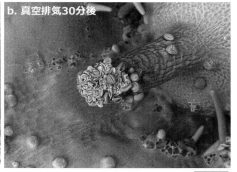

b. 真空排気30分後

100 nm

試料：フラサバソウめしべ　　　　低真空 SEM（JCM-7000）　加速電圧：15 kV　反射電子像

図 4-37　低真空 SEM の応用 1（草花のおしべ）

大気下では短時間で水滴状に変化する。上段の a は試料台に塗布直後、b は 3 分後、c は 5 分後の状態を示す。大気に触れてから 3～5 分で完全に潮解してしまうため、コーティングなどの試料作製のゆとりは全くない。このような試料は低真空 SEM であっても素早い処理が必要となる。低真空 SEM にあらかじめ試料台をセットした後に、綿棒などで試料を試料台に塗布した後で素早く真空排気を行った結果、低真空 SEM 像を得ることができた。図中下段の d は

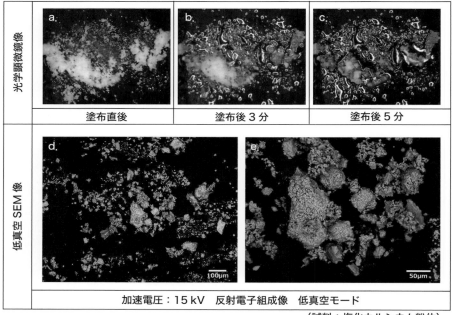

図 4-38　低真空 SEM の応用 2（塩化カルシウム粉体）

塩化カルシウムの低真空 SEM による反射電子像の比較的低倍率像、図中 e はさらに高い倍率の低真空 SEM による反射電子像を示す。

4.7.2　Cryo-SEM

　一般に、大量の水を液体状態で観察することは通常の低真空 SEM では不可能で、専用の装置や試料作製法が必要となる。この場合、候補となる専用装置の一つに、含水試料を凍結状態で観察することができる Cryo-SEM（図 4-39）がある。

　真空外で含水試料を液体窒素などで急速凍結し、SEM 試料室の左側に設置された試料前処理（Cryo）チャンバ内の冷却ステージにセットする。そして、必要に応じてこのチャンバ内で低温を維持しながら、冷却ナイフによる割断や導電性コーティングを行う。その後、Cryo チャンバと真空で直結されている SEM 本体のガス冷却方式の冷却ステージに搬送して SEM 像観察を行う。ここで採用されているステージのタイプの冷却方式は、窒素ガスを液体窒素で冷却し、そのガスで SEM ステージと冷却トラップを冷却する方式で、冷却速度が速いことが特徴である。Cryo-SEM の応用分野としては、食品、水溶性高分子およびバイオ系試料などがある。試料処理ステージや観察ステージは温度コントロールが可能で、必要に応じて割断や観察時の温度を変化させることができる。

　O/W（水中油滴）型および W/O（油中水滴）型エマルジョンについて、Cryo-SEM で観察するときに必要な試料作製方法を図 4-40 に示す。一般に、試料ステージの温度をコント

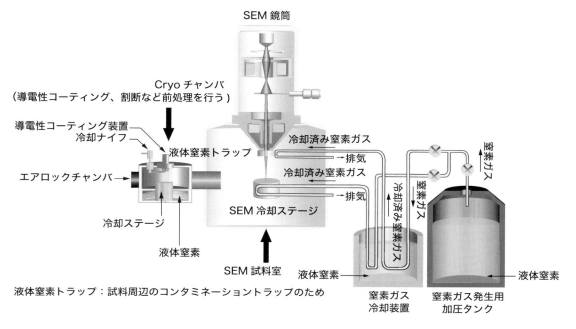

図 4-39 Cryo-SEM の構成の一例（ガス冷却タイプの SEM 冷却ステージ）

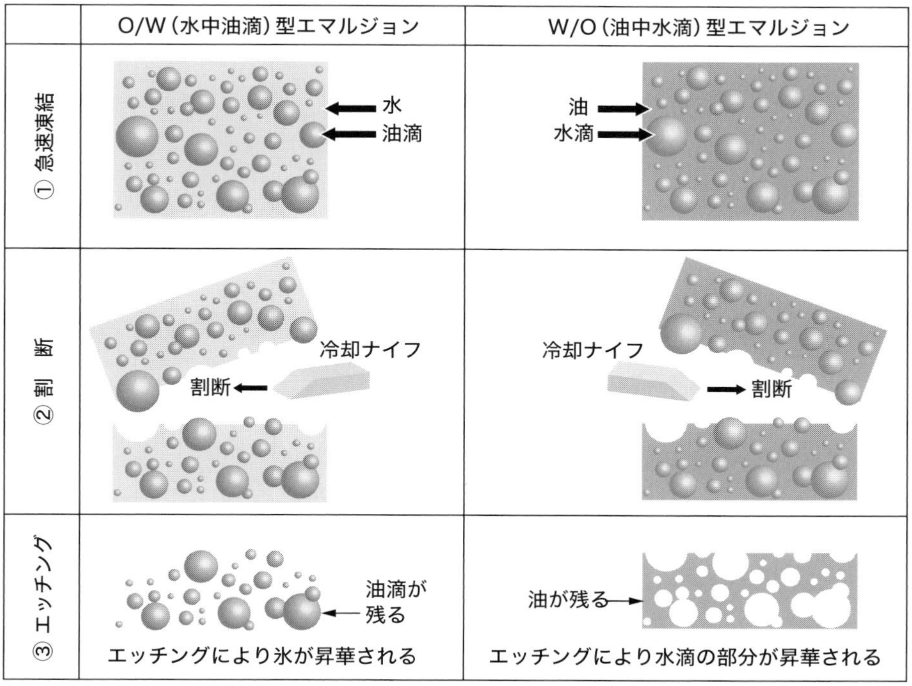

	O/W（水中油滴）型エマルジョン	W/O（油中水滴）型エマルジョン
① 急速凍結	水 油滴	油 水滴
② 割 断	冷却ナイフ 割断	冷却ナイフ 割断
③ エッチング	油滴が残る エッチングにより氷が昇華される	油が残る エッチングにより水滴の部分が昇華される

エッチング：ステージの温度コントロールにより、氷を昇華させること

図 4-40 Cryo-SEM のエマルジョンへの応用

ロールすることにより試料内の氷を昇華させることができる。この操作を Cryo-SEM では
エッチングと呼んでいる。

　はじめにこの二つのタイプの試料を試料ホルダにセットし、大気中で液体窒素などの冷媒で
試料ホルダごと急速凍結して Cryo チャンバ内へ搬送する。次に、備え付けの冷却ナイフで割
断する。このとき、氷を含んだまま Cryo-SEM で観察すると両者は区別がつかない。そこで、
SEM の冷却ステージに搬送して、試料の温度を上昇させて氷の蒸気圧を SEM 試料室内の圧
力（真空度）よりも高くすると、氷は昇華（エッチング）される。このときに残った凍結状態
の油の形状から両者を区別できるようになる。これは Cryo-SEM ならではの観察法である。
また、水滴そのものの SEM 観察には環境制御型 SEM あるいはそれに相当する機能を持つ
SEM のアタッチメントが必要となる。特に前者は、より大気圧に近い圧力下で観察すること
が可能である。また、この SEM は試料室の圧力やガス導入など、雰囲気をコントロールする
こともできる。詳細は章末にあげた専門の文献（例えば、井上ら（2019）など）を参照された
い。

4.7.3　通常の SEM でのバイオ系試料の可能性

　バイオ系の試料は、前処理や特殊な仕様の SEM でないと絶対に観察できないかというと必
ずしもそうではない。その例を図 4-41 に示す。図中 a はアブラナの花粉、b はサザンカの花
粉、c はパンの上に生えたカビ、d は葉の裏側の気孔周辺の SEM 像であり、ここでは導電性
コーティングのみを行っている。図 i（p. IV）に示した外骨格の甲虫（ハアリ）の場合も同様
である。比較的水分の少ない試料の場合は導電性コーティングをすれば、低真空 SEM や
Cryo-SEM を用いなくても観察可能となる場合が多い。しかし、多少の変形が生じる可能性
があることをあらかじめ承知しておく必要がある。

※ 4.8　断面試料作製法 ───────────────────────────◆

4.8.1　断面試料作製装置として、手っ取り早くカミソリを使う

　これまで試料表面の SEM 観察について説明してきた。このような中で、試料の表面だけで
なく内部構造を観察したいというニーズは多々ある。しかし、「専用の断面試料作製装置を何
も持っていないからできない」という状況下にある SEM ユーザーは多い。そんなときの強い
味方がカミソリである。カミソリには両刃と片刃（詳細は 4 章付録 1）があり、万能とまでは
いかないが、使い分けることで、断面試料作製装置としてかなりの威力を発揮する場合があ
る。また、FIB などの最新のイオンビームを用いた断面試料作製装置を所有しているユーザー
であっても、試料によってはリファレンスデータを得るという意味で、一度は試してみる価値
がある。その理由は、カミソリによる断面作製では作業が速い、前処理が不要、観察可能な断
面の幅が広い、熱の影響がない、さらにイオンビームによる断面作製で生じるリデポ（イオン
ビームによるスパッタ粒子の加工面への再付着。正確にはリデポジションと呼ばれている）に

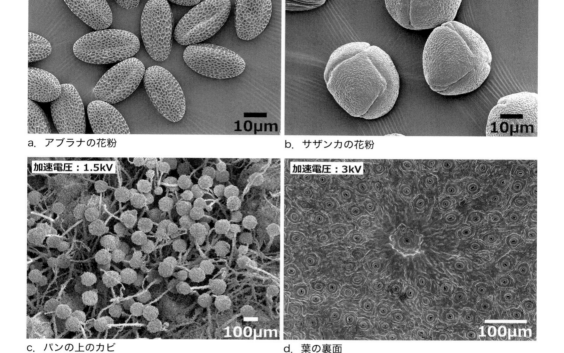

図 4-41　コーティングだけで SEM 観察できる生物試料

よる加工面の汚染を気にしなくてよいなどの特長を持っているからである。そのため、イオン
ビームなどによる本格的な断面試料作製前のスクリーニング検査としても有効である。

　両刃カミソリを使った断面試料作製でいちばん効果的なのが、紙などの比較的柔らかい試料
である。特に印刷された紙やコート紙（インクジェット紙）など何層か表面コートされた紙の
場合には、両刃のカミソリで簡単にある程度の質の断面を得ることができる。図 4-42 はその
手順を模式的に説明したものである。はじめに、断面作製したい紙を 0.5 〜 1 cm 幅、長さ 3
cm 程度の短冊状に切り出し、同じ短冊状の試料片を 5 〜 6 枚程度つくる。次に、SEM 観察用
の断面となる端面を反対側の端面と区別するために、あらかじめ、短冊の両端にマジックなど
で線を引きマーキングしておく。そして、短冊状の試料を重ねて両刃のカミソリで一気に押し
切りする。このとき、短冊状の試料片は飛び散ってしまうことが多く、観察面がわからなく
なってしまうが、あらかじめ、観察面の反対側をマーキングしておくことでこれを防ぐことが
できる。このように作製された試料片を、断面観察用の試料台に固定する。そして、導電性
コーティングを行い、最後に SEM 観察する。

　この方法で試料作製および観察した四種類の紙の断面の SEM 像を図 4-43 に示す。印刷面

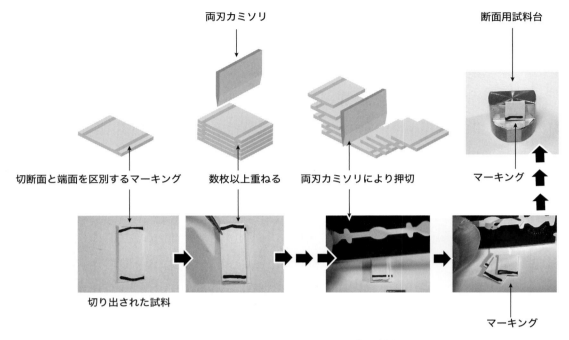

図 4-42　両刃カミソリを使った断面試料作製法

や表面層などの断面が、紙の繊維の断面とともに鮮明に観察することができており、紙の種類による断面の構造の違いを評価できる。この場合の断面加工に要する時間は、準備を含めても数分あれば充分である。さらに、この方法ではイオンビーム加工の加工幅（最大でも 1 mm 程度）に比べはるかに幅広い断面（1〜2 cm 程度）が得られる利点もある。また、前述の通り、熱の影響がないことから、普段、アルゴンイオンビームや FIB を使って断面試料作製している場合も、熱の影響を検証するために、1 回は比較データとして試してみる価値がある。

　紙以外にも柔らかい試料は多くある。例えば、**図 4-44** はタマムシの翅（はね）の断面 SEM 像である。タマムシの翅は干渉色による輝きがあることで知られている（口絵Ⅱ）。図中右の SEM 像は左の SEM 像の最表面部分を拡大したものであるが、翅の断面が多層構造であることが確認できる。また、この像から各層の厚みは 0.1 µm 以下であり、光の波長に近く、このことが、翅が干渉色を示す原因として理解できる。

　以上に述べた試料は、比較的断面作製しやすいものであるが、両面テープの剥離紙など、直接カミソリで断面作製しにくい（滑りやすい）材質もある。また、サイズが 0.5 mm 程度以下の粉体状の試料も、直接カミソリで断面作製するのは困難である。このような場合には、一般的に市販されている 15〜30 分で硬化するエポキシ樹脂や光硬化樹脂の接着剤に試料を包埋して、両刃カミソリで断面作製するとよい。

　図 4-45 は、2 液混合タイプのエポキシ樹脂に両面テープの剥離紙などフィルム状試料を埋め込んで、エポキシ樹脂が完全に硬化する直前に両刃のカミソリを使って断面作製するプロセ

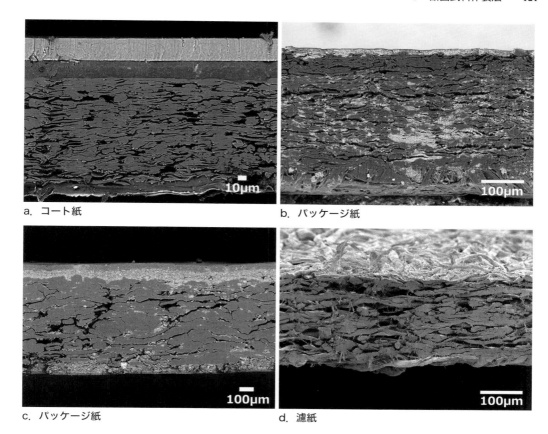

a. コート紙

b. パッケージ紙

c. パッケージ紙

d. 濾紙

図 4-43　カミソリを使った断面観察の応用例（各種紙類）

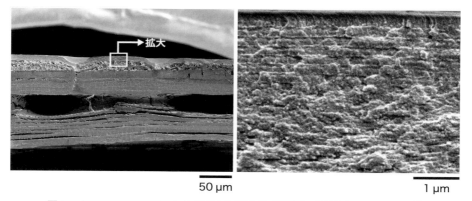

両刃のカミソリで断面加工したタマムシの翅（加速電圧：3 kV　Pt コーティング）
データ提供：東京電機大学　森田晋也先生

図 4-44　カミソリを使った断面観察の応用例（タマムシの翅）

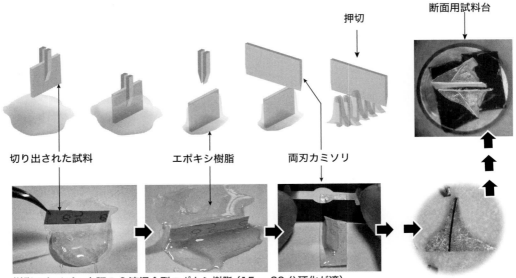

切り出された試料

エポキシ樹脂

両刃カミソリ

押切

断面用試料台

切り出された試料ブロック

樹脂のタイプ：市販の2液混合型エポキシ樹脂（15～20分硬化が適）

切り出すタイミング ⇒ 完全硬化する直前

図 4-45　エポキシ樹脂に包埋する方法

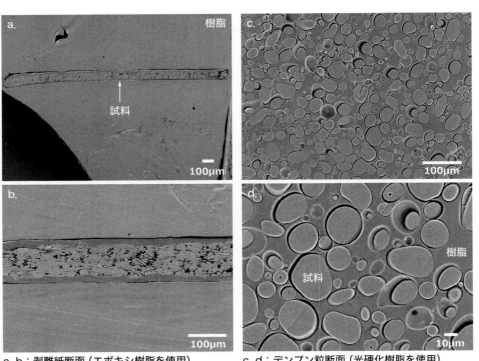

a, b：剥離紙断面（エポキシ樹脂を使用）　　c, d：デンプン粒断面（光硬化樹脂を使用）

図 4-46　エポキシ樹脂に包埋する方法の応用例

スを模式図で示している。この方法で作製した断面観察の例を**図4-46**に示す。図中aおよびbは両面テープの剥離紙の断面SEM像で、aは低倍率での観察例、bは部分拡大像である。一方、図中cおよびdは片栗粉（デンプン粒）の断面SEM像で、それぞれ低倍率での観察例と部分拡大像である。このときaおよびbはエポキシ樹脂、cおよびdは光硬化樹脂を用いている。光硬化樹脂の場合は、エポキシ樹脂に比べ2液を混合する手間がないこと、光を照射しない限り硬化しないこと、少量の樹脂の使用量で済むなどの利点があり、粉体試料ではこちらを推奨する。

4.8.2　硬くて脆い試料の断面加工

　少し硬くて脆い試料に関しては、両刃のカミソリでの断面作製は難しい。このような場合は片刃のカミソリを使い割断するとよい結果が得られることが多い。**図4-47**は片刃のカミソリを使った断面作製法を示している。この場合には、割断時に試料が飛び散ることを防ぐために、あらかじめ試料を両面テープ上に軽く固定し、実体顕微鏡下等で試料を確認しながら片刃のカミソリを当てて一気に割断する。**図4-48**はこの方法で加工した太陽の砂（p.61のコラム3参照）の断面SEM像である。割断後に固定用に使った両面テープ上で、断面観察しやすい位置に試料を再固定し、白金コーティングを行ってSEM観察している。SEM像をみてわかるように、試料の断面構造が明瞭に観察できるようになっている。

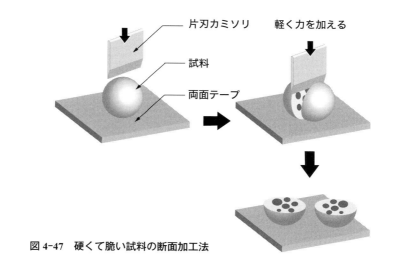

図4-47　硬くて脆い試料の断面加工法

4.8.3　機械研磨と化学エッチング

　金属のような延性や展性を持つ材質は、前述のような割断などでは有効な断面加工ができない。この場合は、機械研磨を行う必要がある。砥粒として、はじめはダイヤモンド砥粒を使用し、仕上げにアルミナ砥粒あるいはコロイダルシリカを使用する。

　図4-49〜**図4-51**に、表面にニッケルメッキを施された金属製のネジの、機械研磨による

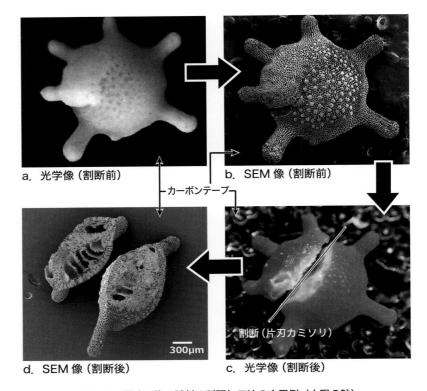

a. 光学像（割断前）　　　　　b. SEM像（割断前）

カーボンテープ

d. SEM像（割断後）　　　　　c. 光学像（割断後）

300μm

割断（片刃カミソリ）

図4-48　硬くて脆い試料の断面加工法の応用例（太陽の砂）

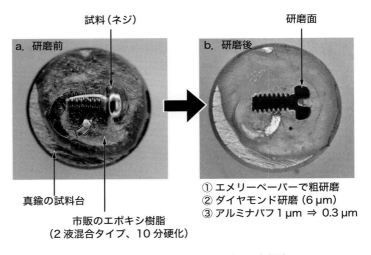

試料（ネジ）　　　　　　研磨面

a. 研磨前　　　　　　　　b. 研磨後

真鍮の試料台

市販のエポキシ樹脂
（2液混合タイプ、10分硬化）

① エメリーペーパーで粗研磨
② ダイヤモンド研磨（6μm）
③ アルミナバフ1μm ⇒ 0.3μm

図4-49　機械研磨法による断面加工（手順）

断面加工の例を示す。この場合、試料の大きさが10mm以下であり、研磨機により試料を直接手持ちで研磨することはできないため、SEM用の試料台上に載せてエポキシ樹脂に包埋して機械研磨を行った。このエポキシ樹脂は市販の30分硬化型の接着剤である。具体的な手順を以下に述べる。

　はじめに、エポキシ樹脂を直径 12.5 mm の SEM 観察用の試料台（真鍮製）の上に盛り、この樹脂中に試料であるネジを埋め込み、硬化後にエメリーペーパーを用いてネジの中心部分まで予備研磨を行った。その後、回転研磨機（**図 4-50**）を用いて研磨した。なお、砥粒としては、はじめ 6 μm ダイヤモンド砥粒を用いて粗研磨を行い、次に仕上げとして 1 μm、および 0.3 μm アルミナ砥粒を用いてバフ研磨を行った。研磨完了後、試料表面に白金コーティングを行い、SEM 観察を行った。このときの反射電子像を**図 4-51** に示す。機械研磨によりネジの断面がきれいに観察できた。

図 4-50　機械研磨法による断面加工（回転研磨機）

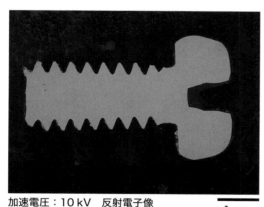

加速電圧：10 kV　反射電子像
試料：ニッケルメッキされたネジの断面（機械研磨）

1 mm

図 4-51　機械研磨法による断面加工の応用例
　　　　（真鍮製のネジ）

　また、鉱物や金属などの硬い材質の粉体の場合も、同様に機械研磨で対応できる。**図 4-52** に磁鉄鉱砂を試料とした際のエポキシ樹脂包埋および機械研磨の手順を示す。試料は粉体であるため、エポキシ樹脂の 2 液を混合するのと同時に粉体を混入させ混ぜ合わせた。エポキシ樹脂が硬化した後は、前出のネジと同様の手順（図 4-49）で断面研磨を行った。そのときの SEM 観察および元素分析の結果を**図 4-53** に示す。樹脂中に包埋された粒子断面の形状や元素分布が明瞭に確認できる。このような、比較的大きな粉体試料（粒子サイズが数十 μm 以上）

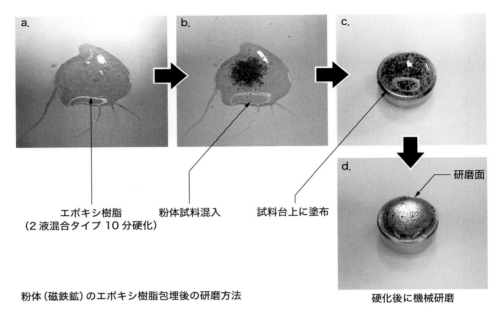

a. エポキシ樹脂
（2液混合タイプ 10 分硬化）

粉体試料混入

試料台上に塗布

研磨面

粉体（磁鉄鉱）のエポキシ樹脂包埋後の研磨方法

硬化後に機械研磨

図 4-52　機械研磨法による断面加工の応用例（粉体の手順）

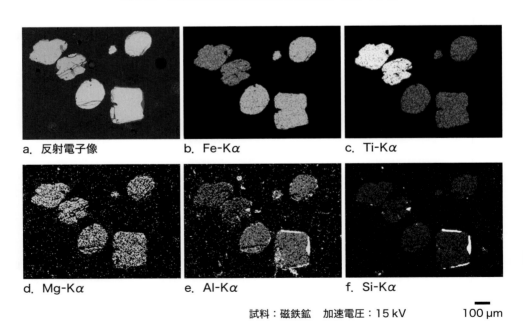

a. 反射電子像　　　b. Fe-Kα　　　c. Ti-Kα

d. Mg-Kα　　　e. Al-Kα　　　f. Si-Kα

試料：磁鉄鉱　　加速電圧：15 kV　　　100 μm

図 4-53　機械研磨法による断面加工の応用例（機械研磨された粉体の SEM 像）

を、包埋研磨することなしに元素マッピングするとどうなるか、参考までに**図 4-54** に示す。図をみると、EDS 検出器の反対側が陰となり元素が存在しないことになってしまう。この理由としては、**図 4-55** に示したような粒子と EDS 検出器の位置関係があげられる。なお、こ

EDS 検出器の方向

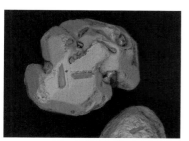

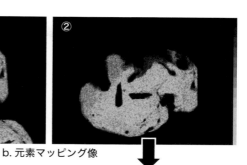

a. 反射電子像

b. 元素マッピング像

EDS 検出器の方向

試料：磁鉄鉱　加速電圧：15 kV　　100 μm

図 4-54　大きな粉体試料を元素マッピングするときの問題点（実際のデータ）

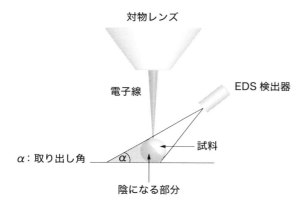

対物レンズ

電子線

EDS 検出器

試料

α：取り出し角

陰になる部分

図 4-55　大きな粉体試料を元素マッピングする
ときの問題点（原理図）

こでは、包埋に用いた樹脂は文房具として市販されているエポキシ樹脂（接着剤）であるが、研磨に特化した専用の樹脂は多種用意されている。

　次に、割断面と研磨面の違いを説明する。**図 4-56** に 2.4.2 項のチタン酸ストロンチウムの塊をニッパで割断した断面の SEM 像、および割断後に機械研磨を行った断面の SEM 像を比較したものを示す。図中 a は割断面、b は機械研磨面であり、上段はそれぞれの反射電子組成像、下段は凹凸像である。機械研磨は前出のネジと同様の手順で行った。図中 a は、割断面全体にわたり大きなうねりがあり、その中に小さな結晶粒界があることが確認できる。一方、研磨面では結晶粒界や介在物が分布していることが、割断面より明確にわかる。さらに、磁鉄鉱砂の例でも説明した通り、元素分析を行う場合は、割断面のようにうねりがあると検出器に死角ができて陰が生じてしまうので機械研磨が有効である。しかし、断面加工の方法としては割断する方が手軽と言える。

　また、機械研磨後に必要に応じて、研磨面を酸およびアルカリでのエッチング処理を行う

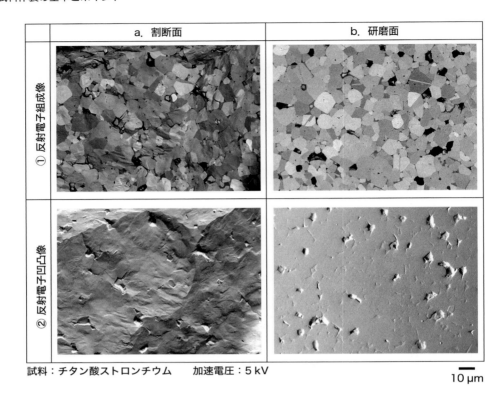

図 4-56　割断面と研磨面の比較

と、結晶方位の違いによる凹凸や介在物の有無などの組織が浮き出して明瞭に観察できることがある。一般的に金属試料では、図4-56で示したような明瞭なチャンネリングコントラストを観察するには、機械研磨によって生じた試料最表面の加工ひずみを除去するために**電解研磨**あるいは**化学エッチング**を行う必要がある。

　図4-57に、図4-51に示したネジの機械研磨面および、この面にさらに化学エッチングを行った後のそれぞれの表面の反射電子像を紹介する。図中aは試料の全体像である。ここでは図中aの中の □ で示した部分を化学エッチングした前後で比較している。なお、エッチングはエタノールと硝酸の混合液（$HNO_3/(HNO_3 + C_2H_5OH) \times 100 = 5\,\%$）を用いて行った。図中bはこのエッチングを行う前の機械研磨のみの像で、ネジ本体と包埋に使った樹脂（暗くみえる部分）の間にニッケルメッキが確認できる。一方、図中cはbの後に化学エッチングを行った後の像である。金属組織が凹凸で明瞭に観察できるようになり、化学エッチングの効果がうかがわれる。**図4-58**は同じ試料のEDSによる元素マッピング像である。これらの像から、同図中、反射電子にみられる島状に分布する構造はMnが主体であることがわかる。

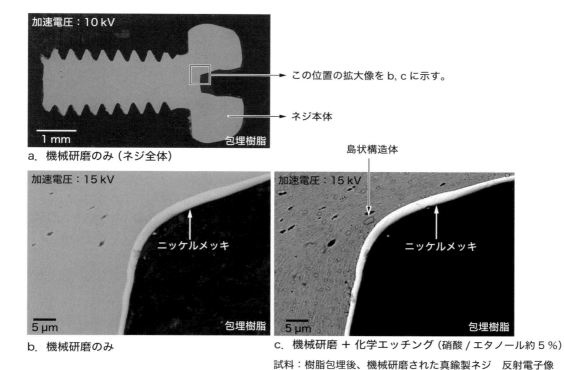

図 4-57　機械研磨後の化学エッチングの効果（SEM 像）

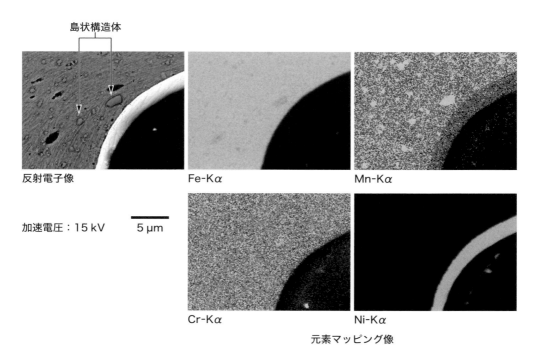

図 4-58　機械研磨後の化学エッチングの効果（元素マッピング像）

4.8.4 イオンビーム加工

非常に硬い試料や金属材料など、カミソリを使った断面出しが通用しない試料は多数ある。また、複合材料や半導体デバイスなどの場合、さらに高い加工精度と均質な断面が要求されることが多い。このような試料の場合は、アルゴンイオンビームと遮蔽材を使った断面試料作製装置、あるいは2章付録4で説明した集束イオンビーム装置（FIB: focused ion beam system）などの最先端の断面試料作製装置が有効である。FIB は細く絞った Ga イオンビームを試料上に X, Y 方向に走査し断面加工を行う。このとき、Ga イオンで励起された二次電子による SIM（scanning ion microscope）像を観察しながら加工することが可能なので、100 nm 以下の高い加工精度を得ることができる。また、この装置としては図 2-41（p.45）に示したような SEM と FIB を同一のチャンバに備えた複合装置（FIB-SEM）も利用できる。FIB-SEM は最近では SEM や TEM の試料作製において必須の装置となっている。詳細については本書の範囲を超えるので別途文献（例えば、鈴木・高橋（2012）など）を参照されたい。

4.8.5 断面試料作製法のまとめと付記事項

断面試料作製法では、誰でもできるカミソリを使った加工法についてその具体的な例を説明してきた。この作製法のポイントについて以下にまとめる。断面作製は、試料の性質（例えば硬い、脆い、他）と観察箇所（例えば表面、内部）によってその方法を使い分ける必要がある。表 4-2 に、SEM や EPMA などバルク試料を扱う装置の断面試料作製法の分類と各種材料への適性を示す。

断面試料作製には大きく分けて**切断**（ここでの切断は切断面がそのまま SEM 観察可能な断面になるレベル）、**割断**および**研磨**の三種類がある。切断に関しては両刃カミソリを用いて切ることをお勧めする。比較的柔らかい試料、特に紙の上のコーティング層や印刷および樹脂な

表 4-2　断面試料作製法と各種材料に対する適性

	切断（カミソリ）	割　断	研　磨	エッチング
金属	×	△ （破断面）	○	○[†1]
セラミックス・鉱物	×	○[†3]	○	△[†2]
紙・印刷・塗膜・多層フィルム	○[†4] （場合によって樹脂包埋）	×	×	×
粉体（硬・脆）	×	△ （大きさによる）	○ （樹脂包埋）	△ （樹脂包埋）
粉体（軟）	○[†5] （樹脂包埋）	△ （窒素冷却）	×	×

†1：組織の形体観察をする場合は化学エッチング、イオンエッチング、
　　　チャンネリングコントラストの観察には電解研磨（合金は難しい）
†2：材質によって化学エッチングが可能
†3：図 4-47 参照　　†4：図 4-46 a, b 参照　　†5：図 4-46 c, d 参照

どの薄い試料に有効である。また、セラミックスや鉱物などの硬くて脆い試料には片刃カミソリを使った割断が有効である（4.8.2項）。少し大きめの試料はニッパやハンマーのような工具が便利である。このときは、試料が飛び散らないようにビニール袋の中で行うとよい。樹脂のように柔らかい試料の場合、液体窒素中で割断する方法もあるが、液体窒素温度では硬化しない材料も多くある。

　また、オージェ電子分光分析装置やXPS（光電子分光分析装置）では、試料を回転させながらアルゴンイオン等を低角度で試料表面に照射することで、少しずつ表面からエッチングをしながら、信号の変化を記録して、連続的な深さ方向の情報（主に組成比）を得る方法（デプスプロファイル）もある。この方法は、深さ方向に連続的に組成が変化する試料の分析に適している。

※ 4.9　試料取り扱い上の注意　──────────────────◆

　SEM観察や試料を保管するときの試料の取り扱い上で注意すべき事項は、次の三つである。それは、観察中の熱ダメージ、コンタミネーションの付着（例えば、試料をSEMに挿入する前に試料を手で触ったときの汚れの影響）、保管ケース内での試料の固定法である。熱ダメージやコンタミネーション付着はSEM観察する上で必ず直面するトラブルである。加えて、試料の保管あるいは搬送方法も重要となる。

4.9.1　熱ダメージの防止

　SEM観察の際、フォーカス調整を行うために倍率を上げることはよくあるが、このとき試料上の狭い領域に電子ビームを集中させたことによる四角い凹みが生じることが多々ある。**図4-59**に典型的な例（試料: 髪の毛）を示す。像の中央に四角い凹みがみられる。こうなると、この場所で撮影することはできなくなる。髪の毛のように熱に弱い試料は、必要以上に高い倍率で観察（長時間照射）すると、電子ビームが集中することでその領域の試料温度が上がり、

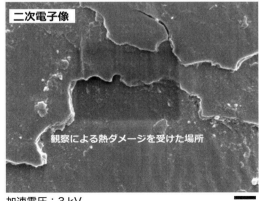

加速電圧：3 kV　　　　　　　　　1 μm　　図4-59　熱ダメージ（髪の毛の表面）

結果として凹むなどの熱によるダメージが生じる。式 (4-3) は電子線照射による温度上昇の式である。ΔT は試料の温度上昇［℃］、η は反射電子効率、V_0 は加速電圧、I_0 は照射電流、K は個体の熱伝導率、そして a はビーム径とすると、

$$\Delta T = \frac{(1-\eta)V_0 I_0}{\pi K a} \tag{4-3}$$

となる。この式より、熱ダメージへの対策としては、加速電圧 V_0 および照射電流 I_0 を小さくすることがあげられる。また、厚めのコーティングを行う、あるいは、熱伝導性の高い方法で固定（カーボンテープではなく、ペーストで余分な場所を覆う等）する、さらに、試料をできる限り小さくする（つまり、K を小さくする）ことも効果的である。そして、観察に長時間を要する元素分析などの場合は、ビーム径を大きくする（この場合はデフォーカス、つまりボカすことを意味する）。これらの対策で式 (4-3) の ΔT は小さくなる。最後に、この場所を撮影すると決めたら少なくとも 1 画面分ステージをずらしてフォーカスなどを調整した後で、撮影場所に戻して撮影するのもよい。

4.9.2　コンタミネーションの付着に注意

コンタミネーション（汚染物質）の付着には、電子線を照射している領域にチャンバ内のハイドロカーボンが集まってくる現象もある。ハイドロカーボンは付着すると試料のエッジ部分のコントラストが二重にみえたり、あるいは、電子線照射した部分が黒くなってしまう（図 4-60）ことがしばしば起こる。図 4-61 はグラファイト上に成長した金の蒸着粒子の SEM 像で、長時間の観察で表面にコンタミネーションとなるハイドロカーボンが付着した結果、エッジが二重になってしまった例である。前項で述べた熱ダメージもコンタミネーションの付着も、一度起こったら元に戻すことはできないので注意が必要となる。これを防ぐためには、SEM 像を撮影目的とする場所で長時間の調整を行わないこと、熱ダメージの回避と同じように少なくとも 1 視野分以上ずらして調整することが重要である。

加速電圧：15 kV　二次電子像
試料：Pt スパッタリング膜

—— 100 nm

図 4-60　コンタミネーションの付着 1

加速電圧：15 kV　二次電子像　試料：グラファイト上の金の蒸着粒子

図 4-61　コンタミネーションの付着 2

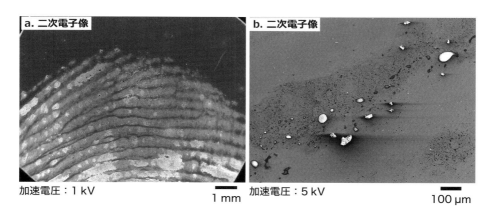

図 4-62　指紋の付着（SEM 像）

4.9.3　試料を直接手で触ると…

　観察面を素手で触ると生体由来の物質、要するに手垢が付着して微細な構造がその下に隠れてしまう。さらに、手垢によって試料表面が変質してしまうことがある。**図 4-62** はシリコンウェーハに故意に指を押し付けて指紋を付けた場所の二次電子像である。図中 a は比較的低倍率の SEM 像で、b はさらに拡大した SEM 像である。この場所の元素分析を行うと、カーボン、酸素、ナトリウム、塩素およびカリウムなど、試料（シリコン）には本来は存在しない手垢の成分が検出される（**図 4-63**）。ガラスやシリコンウェーハなどの鏡面の試料が指紋の付着

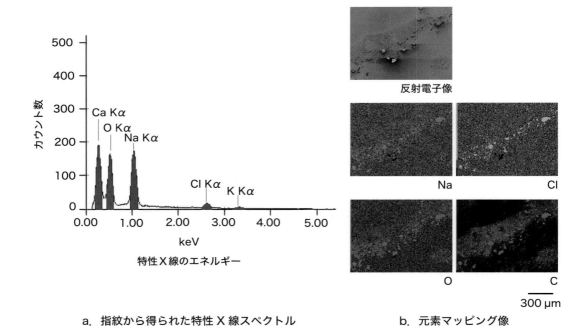

a. 指紋から得られた特性 X 線スペクトル　　　　b. 元素マッピング像

図 4-63　指紋の付着（元素分析）

などで汚染されている場合は、光沢が落ちるので目視でもわりと簡単に気付く。しかし、凹凸が多く、かつ光沢のない試料では、元素分析の結果をみて初めて試料の汚染に気付くことが多い。特に最表面の観察が重要になる試料に関しては、当たり前のことではあるが、絶対に試料を素手で触らないように注意する必要がある。

4.9.4　試料へのマーキング

　光学顕微鏡と SEM の観察場所を一致させたい場合が多々ある。高低差が少ない微小な凹凸や、試料最表面の淡い変色などは、肉眼や光学顕微鏡などの可視光ではよくみえるが、SEM の二次電子像や反射電子像ではその場所がわからない場合が多い。そのような場合は、試料上の目的とする場所の周辺にマーキングするとよい。これによって、光学顕微鏡でも SEM でも容易に位置合わせができるようになる。もちろん、試料への汚染やキズ等が発生しないよう、十分考慮して手法を検討しなければならない。**図 4-64** に試料上のマーキングの例を示す。図中 a はマジックによるマーキング、図中 b はケガキ線によるマーキングの例である。それぞれ、上は光学顕微鏡像、下は SEM 像で、両者の位置合わせが容易であることがわかる。

4.9.5　試料の保管、搬送方法

　試料の保管法も重要である。プラスチックケースに入れてデシケータに保管するのが一般的であるが、そのときに試料が動かないように両面テープに試料台を固定することがよく行われ

a. マジックによるマーキング　　　　　　b. ケガキ線によるマーキング

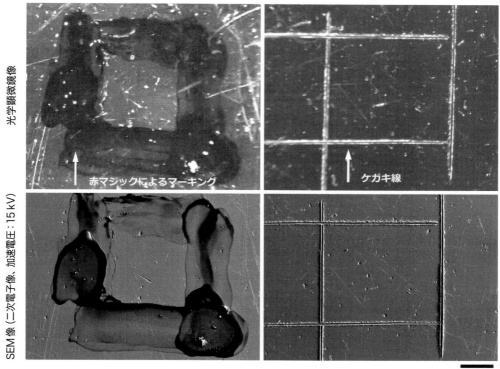

光学顕微鏡像

赤マジックによるマーキング

ケガキ線

SEM像 (二次電子像, 加速電圧：15 kV)

300 μm

図 4-64　試料上へのマーキング

両面テープ

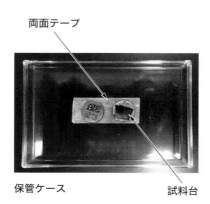

保管ケース　　　　　　　　　　試料台　　図 4-65　試料保管上の注意（悪い例）

る。このとき、**図 4-65** に示すように試料台の底面全体を両面テープに接触させると、強固に貼り付いてしまい、なかなか容易には外れない。この状態で強引に外そうとすると、かなりの力が必要となり、そのときの勢いで試料表面を指先でつぶしてしまうことがある（**図 4-66**）。このような事態を防ぐためには、**図 4-67** に示すように、テープに試料台の底面をほんの少し

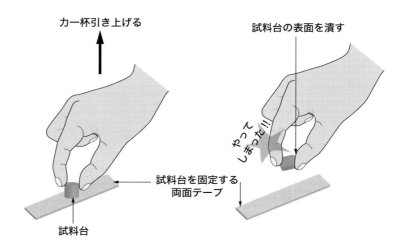

力一杯引き上げる

試料台の表面を潰す

試料台を固定する
両面テープ

試料台

やっちしまった!!

図4-66　試料を外すときの失敗

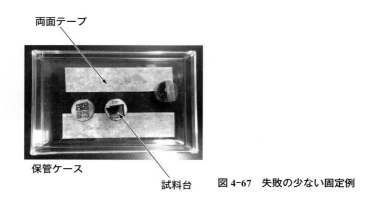

両面テープ

保管ケース

試料台

図4-67　失敗の少ない固定例

だけ接触させることをお勧めする。これだけでも試料台の固定は十分であり、搬送中に外れることはほとんどない。また、この場合、試料台を外すときもさほどの力は必要なく、試料表面を押しつぶす事故もなくなる。些細なことであるが、時間をかけて作製したせっかくの試料を壊してしまった後で、自分の犯したことの重大さに気付くことが多いのでここに書き加えておく。また、これが他の人につくってもらった試料であればダメージはさらに大きい。

4 章 付 録

1. 両刃、片刃カミソリについて

　SEM をはじめとする電子顕微鏡の試料作製では、両刃のカミソリ、片刃のカミソリをよく使用する。使い分けとして、厚さの薄い（0.1 mm）、刃先が鋭利な両刃カミソリは、紙、フィルムなど比較的柔らかい試料の断面を切断して、そのまま SEM 観察が可能なレベルの断面クオリティが得られる。また、非常に薄いため、実体顕微鏡下でミリメートルオーダーの場所に狙いをつけて切断することも可能である。一方、片刃カミソリは両刃カミソリよりも厚い（約 0.25 mm）。用途としては、切断というよりも勢いをつけた割断に用いることが多い。両カミソリの使い方の例を**図 A4-1** に示す。また、これらの対象となる試料については本文の 4.8.1 項、4.8.2 項に示した。

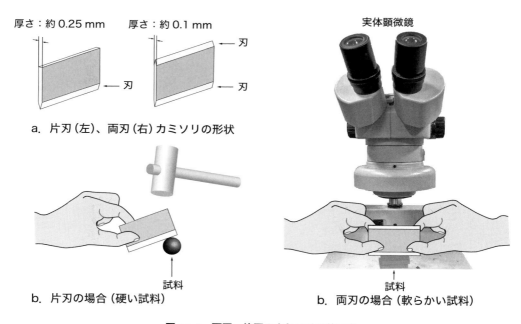

厚さ：約 0.25 mm　　厚さ：約 0.1 mm

刃

刃

刃

a. 片刃（左）、両刃（右）カミソリの形状

b. 片刃の場合（硬い試料）

試料

実体顕微鏡

試料

b. 両刃の場合（軟らかい試料）

図 A4-1　両刃、片刃のカミソリの使い方

参 考 文 献

鈴木俊明：断面試料作製技術の基礎から応用まで，日本電子第 1 回イオンビーム試料作製セミナー予稿集（2018）

日本顕微鏡学会関東支部 編：新・走査電子顕微鏡，共立出版（2011）

石川順三：荷電粒子ビーム工学，コロナ社（2001）

SEM 走査電子顕微鏡 A ～ Z，日本電子販促資料

日本塑性加工学会 編：機械屋のための分析装置ガイドブック，コロナ社（2012）

井上雅行・鈴木俊明・高島良子・須賀三雄・高井 治：表面技術，Vol.70，No.1（2019）pp.45-49

吉田善一：マイクロ加工の物理と応用，裳華房（1998）

鈴木俊明・遠藤徳明・柴田昌照・釜崎清二・市ノ川竹男：J. Vac. Soc. Jpn.（真空），Vol.46，No.1（2003）pp.87-91

鈴木俊明・中嶌香織・西岡秀夫・本橋光也：材料の科学と工学，Vol.52，No.1（Feb.）（2015）pp.6-9

鈴木俊明・高橋可昌：まてりあ，第51巻，第12号（2012）pp.545-551

コラム❺

観るということ、意味のある無駄のない観察

　顕微鏡とは顕微と鏡を合わせた言葉で、「微細な物を現し明らかにする」と「反射を利用して物の姿を写すもの」を合わせた意味となります。英語ではmicroscopeで、"micro-"と"-scope"となり、"extremely small"と"an instrument for observing, viewing, or examining"となります。いずれにしてももものをみる道具のようです。

　我々人間を含む眼を持つ生き物は、光を使って物の姿形を認識しています。人間は可視光を使いカラフルな世界をみていますが、モノクロで認識している生き物もいます。このように、眼（生き物）によってみえ方が違うのです！

　一般に、光学顕微鏡では可視光を使うため、解像度は可視光の波長で制限を受けます。また、観察には光（電磁波）の持つ基本的性質、つまり反射、吸収、屈折、回折、散乱、透過などの各現象が関与していることを理解することが必要です。透明なスライドガラスの表面をみようとすると、かなり大変な思いをするものです。一方、電子顕微鏡ではどうでしょうか。電子でもものの形を観ていることは皆さん知っているはずです。しかし、電子とは何か？　どんな性質を持つのか？　と聞かれると、戸惑う人も多いのではないでしょうか。モニターに映し出されたものを、光学顕微鏡やスマートフォンで撮影した画像と同様に扱っていませんか？　ときとして、掲載された画像が光学的に観察されたのか、電子的に観察されたものなのかの区別さえないものもみかけます。芸術作品ならまだしも、科学技術的な記述においては大いに問題です。

　電子は光と同様に、波と粒子の性質を持っています。基本的に似たところは多いですが、電子は電荷を帯びており、電場や磁場、そして物質内の原子（原子核、電子）との相互作用が常につきまといます。ですから、SEM観察をするときにはその手法や条件を取捨選択しそれを記録しておかないと、写っている画像からだけでは、ほしい情報に辿り着いたのかどうかわからなくなってしまいます。

　例えば、ガス吸着用多孔質材料や量子構造を観察する目的で、数千倍程度の倍率で観察して満足しているのをよくみかけます。そのとき、吸着現象や量子効果はどのサイズで発生するのか尋ねると、そこで初めて必要な観察倍率に気が付いてくれます。また、一連の条件で作製した試料の違いを比較検討することが目的なのに、試料ごとに観察の倍率や条件を変えてしまっているのもよくあることです。最終的な論文や報告書では違う条件での画像になるとしても、議論や考察をするときの基礎データは、すべての試料をできる限り同条件下で観察しておくべきです。特に、時間とともに構造変化を起こしやすい試料においては、後からでは同条件での観察とならないため、一からのやり直しを迫られるかもしれません。急がば回れ！　Haste makes waste！です。

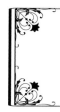

5章
もっと SEM を使いこなすために

　実践 SEM セミナー、いかがでしたでしょうか。本書では著者の経験をもとに、SEM を現場で実際に使う人たち、あるいは初心者に教える立場の人たちにターゲットを合わせて説明を進めてきました。文章のいたるところで「～ なので注意が必要」としつこいくらいに書いてきましたので、うんざりした読者も多かったかもしれません。著者自身も違和感を持ちながらもあえて書き続けさせていただきました。手軽に誰でも使えるという先入観でみられているSEM ではありますが、使いこなせば使いこなすほど奥の深い装置であることをご理解いただければ、本書の目的の大部分は達成です。次は、本書を読んで興味を持ったテーマを実際にご自分の試料と装置で是非実践してみてください。本の題名にもあるように何事も実践することが大事です。そんな試行錯誤の中で、著者も見逃しているような新しい発見があるかもしれません。以後は、「あるある」の反省会と総まとめです。もう少しなので最後までお付き合いをお願いいたします。

※ 5.1　SEM「あるある」劇場の反省会 ━━━━━━━━━━━━━━━━━━━━━━━◆

　1.2 節で登場した解析センターの 3 人は、本書を読み、勉強し直しました。その結果、問題となった試料について 3 人でもう一度 SEM 観察を行い、改めて試料の実態を明らかにすることにしました。

5.1.1　セラミックスのコーティング

　最初はセラミックス（チタン酸ストロンチウム）の試料についてです。断面試料作製装置が何もない環境で、ニッパを使って試料を割断したのは良い判断でした。セラミックスや鉱物のような試料は非常に硬く脆いため、ハンマーやニッパで割断すると良い断面を出すことができます（ただし、定量分析や EPMA による分析ではより平面性の高い断面が必要になります。この場合は機械研磨で試料を鏡面に仕上げることをお勧めします）。

　次に、コーティングせず観察した際に、反射電子像で現れたコントラストの問題です（p.5、図 1-5）。これは 2.4.2 項で説明したように、組成が同じはずなのに粒界ごとに違うコントラストがみえる現象で、チャンネリングコントラストと呼ばれています。それぞれの粒界の結晶方位の違いにより、反射電子の放出効率が異なることに起因しています。このコントラストは極最表面からの情報なので、結晶表面に加工などによるひずみがある場合は消失します。そのために、B さんが白金コーティングした試料ではチャンネリングコントラストをみることがで

きなかったわけです。また、4章のコーティングの項で説明したように、セラミックスや鉱物などの無機系の試料では、反射電子像での観察によりチャージアップの影響を受けないことがあります。このような試料の場合は、コーティングをする前に一度試してみてもよいかと思います。特に、分析が必要な試料では、コーティング材料となる Pt の影響を受けないため良い結果が得られます。もし、試してダメならあきらめて Pt コーティングをしましょう。

　3人はチタン酸ストロンチウムを導電性コーティングなしでもう一度 SEM 観察して、得られた SEM 像にチャージアップの影響がなく、結晶方位に起因する結果を現していることを以下の実験で確認しました。まず、同じ場所でステージ傾斜を3段階変化させてコントラストが変わることを確認しました。次に、加速電圧も3段階変えてみました。このときも、コントラストが変化することを確認しました。結果（反射電子像）を**図5-1**に示します。これらは、電子線の入射角や加速電圧が変わることにより電子線の波長が変化して、結果としてブラッグ条件が変わったことによるチャンネリングコントラスト変化であることもわかりました。チャンネリングコントラストは、FIB などのイオンビーム励起の SIM 像でも確認できますが、この

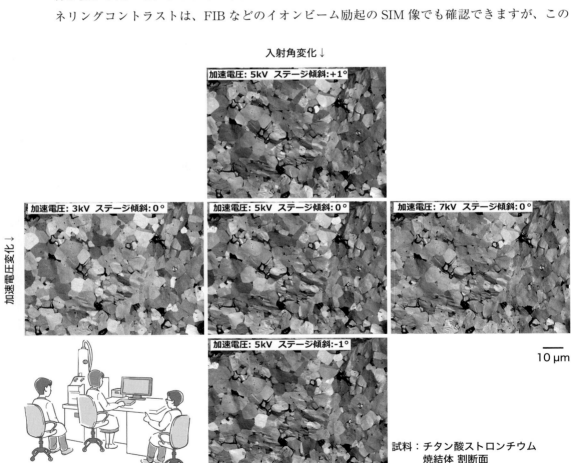

図 5-1　チャンネリングコントラストの検証

場合は加速電圧が変わってもコントラストは変わりません。その点がSEM像とSIM像の違いです。詳細は章末にあげた参考文献（例えば、鈴木ら（2002）など）を参照してください。

5.1.2 塗装膜の表面評価

　次の「あるある」は塗装膜の表面評価（1.2.2項）についてです。本件では、BさんとC子さんでデータに違いがありました。本書を読み進めて、原因がわかったでしょうか。この違いが生じた原因は、観察時に設定した加速電圧にあります。このSEM解析センターでは、条件設定については個人に任されていました。そして、AさんがC子さんに「最表面が知りたいので低加速電圧で観察するように」と、はっきり指示していないことにいちばんの要因があったかと思います。こちらの試料についても、3人で打ち合わせを行い、もう一度協力してデータ撮りを行うことにしました。その結果が図5-2です。

　試料表面を加速電圧3kVで観察した後で、同じ場所を5〜30kVの間で変化させて二次電子像を撮影しました。その6枚のSEM像を比較すると、加速電圧が増えるごとに白い粒子上のコントラストが増えていくことがわかりました。ここでC子さんは、「さらに断面観察すればこの塗装膜の構造がわかり、表面からの観察結果の裏付けになるのではないか」と提案しました。そこでC子さんは、試料を両面テープで固定して、片刃のカミソリを使って試料を裏

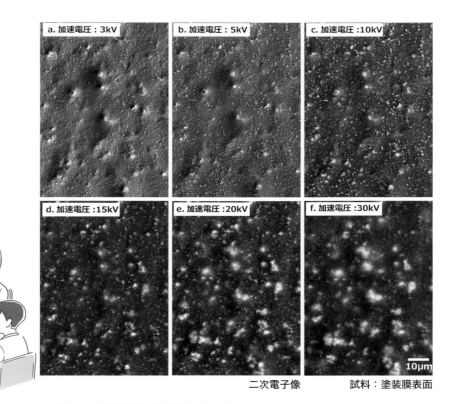

図5-2　加速電圧と深さ情報のまとめ

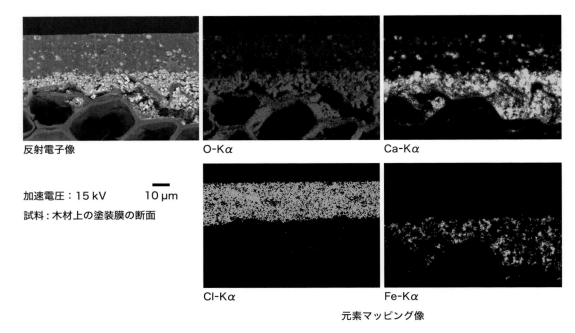

反射電子像　　　　　　　　　　O-Kα　　　　　　　　　　Ca-Kα

加速電圧：15 kV　　　　10 μm

試料：木材上の塗装膜の断面

Cl-Kα　　　　　　　　　　Fe-Kα

元素マッピング像

図5-3　加速電圧と深さ情報のまとめ（断面からの検証）

側から割断し（p.123 図4-47）、断面方向からも観察するとともに、EDS分析を行いました。その結果を**図5-3**に示します。

　表面観察したときに、加速電圧を上げると増えてくる粒子状のコントラストの変化（違い）は、カルシウムと酸素からできている1〜2 μm程度の粒子であること、さらに、この粒子が最表面から30 μm程度の深さまで均一に分布していることがわかりました。このように、表面観察だけでなく断面観察を加えることで試料の詳細を知ることができ、表面からの観察だけではよくわからない、より奥の深い解析作業ができることがわかったわけです。このようにして、SEMチームの3人の仕事はより確実なものとなり、周囲の評価もますます上がった次第です。

※ 5.2　あるあるを乗り越えて

　著者の約40年の経験から、SEMを使いこなすための重要なキーポイントは、大きく分けて「SEMの操作に関連した装置の基礎知識の吸収」、「最適条件の設定」、「元素分析の基本」、「適切な試料作製」の四項目（**図5-4**）にあると考えています。したがって本書もその順番で話を進めてきました。1章のSEM「あるある」も、笑い事ではなく著者の周囲でよく耳にした出来事です。もちろん、自分でも似たような失敗をいくつもしてきました。しかし、装置を使う過程でこのSEM「あるある」のような失敗に気付けばラッキーなのですが、多くの場合は疑問すら持たずに通り過ぎていくのが実態です。導電性ペーストなど、観察目的とする試料と違う部分のSEM像や、ダメージが入ったデータなどが報告書や論文に載ってしまわないよう

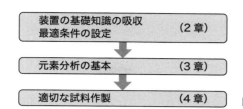

図 5-4　SEM を使いこなすためのポイント

に、是非とも本書を読み進めながら実際の SEM 操作を行って、より意味のあるデータが取得できるようになってください。また、ご自分の撮ったデータを他の人たちに的確に説明できるようになることも重要です。

SEM を使いこなすためのポイント

〈基礎知識の吸収〉

　SEM 本体については、それほどの高度な知識を必要とするわけではありません（もちろん、色々な教科書が販売されていますし、Web や展示会、学会などから多くの情報が発信されていますので、興味がある方は是非勉強してください）。ただ、**自分が今行う SEM の操作で装置の中で何が起こっているのかをほんの少し理解する**ことで、メモをみながら、あるいは手順を丸暗記して操作するよりも、SEM の根本的な操作をより速く正確に習得することができます。また、加速電圧の意味、コンデンサーレンズと照射電流の関係など、最適条件の設定に直結する部分は、本書をはじめとする教科書を読んで理解するだけではなく、**実際にわかりやすい試料で自ら試しておく**と、短時間で良い結果を導き出すことができるようになります。

〈最適条件の設定〉

　試料が決まり SEM 観察のための試料作製が終われば、最終段階の SEM 観察をすることになります。その際、各試料や目的に合わせた最適条件を設定する必要があります。例えば、表面の凹凸の状態、内部の状態、組成、結晶性、異物の有無、さらには汚れの有無などをはっきりさせることで、試料作製法や観察条件が決まります。そのために、事前に目視、あるいは実体顕微鏡等の光学顕微鏡で観察し、**試料の全体の形状や色情報を把握する**ことが重要です。

　SEM での観察に移るときは、はじめに**加速電圧の選択**をします。これが試料の表面状態の把握に大きく影響します。もし決まっていないのであれば、是非いくつかの加速電圧で観察して結果を比較してみてください。最初の一歩としては、SEM の基本性能によって異なりますが、熱電子銃タイプの SEM では 5 kV、ショットキータイプや冷陰極タイプの電界放出型の電子銃の SEM では 1～3 kV 程度から始めるとよいと思います。加速電圧を下げることで分解能は劣化しますが、より表面の情報を得ることができます。試料表面の汚れなどは、低加速電圧の方がよくみることができます。また、あえて高い加速電圧を用いることで、試料の内部構造の手掛かりをつかむこともできます。加速電圧を変えることで、塗膜や印刷面などに含まれ

る顔料の深さ方向の分布などがわかります。

〈元素分析の基礎〉

　元素分析において条件設定する場合も、低い加速電圧ではより表面に近い元素分析が可能になります。その一方で、入射エネルギーが小さくなることから、励起できないピークがどんどん増えてしまうので注意が必要です。また、プローブの径よりも分析領域がかなり大きく広がる（加速電圧、試料の平均原子番号などで異なる）ことにも常に注意を払う必要があります。そのためには、飛程や分析領域の式が参考になります。一度、自分の試料で計算してみるとより理解が深くなります。

　分析領域の広がりは、ノモグラフ[1] が紹介されており、Castaing の式を使わなくても、定規を当てればその程度がわかるようになっています。著者の経験では、実際に数式を計算してグラフを描いてみて、分析領域の広がりが低加速電圧で急激に小さくなることを初めて実感し、結果として臨界励起電圧を境に X 線は励起されない様子がよくわかりました。また、原子番号によってもその程度が変化する様子がビジュアル化され、「目から鱗」状態でした。こうした飛程や分析領域の数式、ノモグラフあるいはシミュレーションはあくまでも目安で、現実にピッタリな値を示すものではありません。しかし、「大まかな目安」として取り扱うと、より深い理解の助けになります。また、EDS 分析では、エネルギー分解能の関係から特性 X 線のピークの重なりが問題になることがあります。あらかじめ代表的な元素のピークの重なりを知っておくことも重要です。是非、事前に調べておいてください（たびたび出くわすピークの重なりを表 3-2（p.71）に載せてあります）。

〈適切な試料作製〉

　4 章で説明したことは、卓上 SEM をはじめとする汎用 SEM からより高性能なハイエンド SEM まで、すべて共通にあてはまることです。基本を十分押さえた上で「その先はやってみなけりゃわからない精神」で色々なことに挑戦してください。試料作製の段階で手抜きをすると、どんなに性能の高い SEM を使っても良いデータは得られません。そればかりでなく、もっと不幸なのは、それに気付くことができずにデータが一人歩きしてしまうことです。

　4 章は、なぜ SEM 観察用の試料作製が必要か、その背景を考えることから始めました。それは、① 試料に照射する電子は負電荷を帯びている。そのため絶縁物はチャージアップを起こす。② 電子線の通り道や試料の周辺は高い真空に保たれている。そのため有機物や含水試料は真空内で変形する。照射された試料内へ進入する深さは数十 μm である。③ そのため表面からの観察では試料の内部構造はわからない。このような問題点を解決するために、それぞれの目的に合った試料作製が必須となるわけです。このような背景から、日頃当たり前のように行っている操作のなかで落とし穴にはまってしまうことがあります。代表的な事例として以下の 3 例を紹介しました。

　（1）試料を試料台に固定する場合、試料が導電体であっても導電性のペーストや両面テープを使用する必要があります。しかし、導電性ペーストや両面テープにも構造があるため試料と間違えることが多くあります。自分の姿をよく知っておく必要があるということです。

　（2）真空による制限として、蒸気圧の高い試料の持ち込みは厳禁です。水分や油分はあらかじめ乾燥させたり洗浄してから観察する必要があります。

　（3）試料の内部構造を知りたい場合は断面作製が必要です。以下に詳しく説明します。

　コート紙や樹脂フィルムなど、試料によってはカミソリなどの簡単に入手できる道具で十分な場合があります。実際に準備を含めて短時間で作業が終わる、熱の影響がない、断面の幅を広くとることができるなどの多くのメリットがあります。イオンビームを使った断面作製装置は質の高い断面加工が可能ですが、加工時の熱の影響やリデポ（削りカス）の付着の問題があります。イオンビームで加工された断面だけみていると、このダメージやアーティファクト（本来の試料にはない構造物）の存在に気付くことができない場合があります。しかし、カミソリのデータでリファレンスすると、熱やリデポの影響の有無が判明し、イオンビームにより断面加工されたデータにも自信を持つことができるようになります。また、本書ではできる限り簡単に入手できる道具（文房具など）を使っての試料作製を紹介しました。よく登場するのが両刃あるいは片刃のカミソリ、文房具として売られている両面テープ、ホームセンターで売られているエポキシ樹脂の接着剤（硬化時間が色々あるのでいくつか使って試してください）です。失敗してもそれほどダメージはありません。

　最後に、試料取り扱い上の注意を以下に記します。4章の試料作製のところでも説明しましたが、試料は試料台に載せる前と載せて固定した後で**必ず目視あるいは光学顕微鏡で確認しておく**必要があります。手で触った後の確認や（観察面を直接手で触るのは論外ですが、試料の履歴によっては仕方がない場合があります）、バルサ材へのカーボンペースト侵入など、SEM像ではコントラストが付かないために気付かない場合があります。このような場合、倍率を上げて微細部分をみて初めておかしいことがわかります。特にカーボンペーストの侵入などは、あらかじめカーボンペーストの形体を知らなければさらに気付きにくい訳です。このときに、実体顕微鏡下で観察しながら試料の固定を行えば、カーボンペーストの回り込みにはすぐに気付きます。

　近年、SEM本体の性能、操作性はともに飛躍的に進歩を遂げています。著者がSEMを使い始めたおよそ40年前からは考えられないような進歩です。今後もその進歩のスピードはどんどん加速され、条件設定などは自動化が進むかもしれません。しかし、SEM観察用の試料作製に関しては、ユーザーの主観で手法を選択し、ユーザーの手先、指先で作業しなければならない部分がどうしても多いため、SEM本体ほどのスピードで進化するのは難しいと思われます。まだまだ人の手と経験の積み重ねが必要になります。

※ 5.3　再スタートの前にもう一言 ─────────────────────────◆

　最後に、本編では説明できなかったことについて以下にコメントを付け加えます。ちょっと教訓めいていますが、簡単でしかも重要なことなので、是非とも心懸けるようにしてください。

　（1）前の人が使った SEM の設定条件に注意する（そのまま使わない）。加速電圧、照射電流、ワーキングディスタンスを自分の目的に合った値に設定する。

　（2）SEM 像の撮影倍率の選択は、ナノレベルの微細構造観察が目的であっても、ある程度広い範囲が見渡せる倍率でも撮影する。また、数か所で確認する必要がある。

　（2）に関しては「木をみて森をみず」という言葉を思い出してください。森の中の木を一本だけみても森をみたことにはなりません。

　また、結果に納得がいかないのに、自分では解決できない場合があるかと思います。こんなときには一人で悩まないで周りの経験者に意見を求めるのが解決の早道です。そして、アドバイスを求めるときには、ダメなデータや不可解なデータをみせながら相談することが重要です。これがないと単なる愚痴になってしまい、相談相手もウンウンとうなずくことしかできません（アドバイスをする立場の人は、ダメなデータをみせるように指導する必要もあります）。ある程度経験を重ねた人は、ダメなデータをみれば「何が」ダメなのかすぐわかります。その「何が」は、

　（1）試料作製が悪いか、

　（2）条件設定が悪いか、

　（3）単純に未熟なのか、

です。誰しも、未熟であることが原因で取得したダメなデータや失敗の事実は隠したいものです。でも、このような経験は細かく残して周囲の人と情報共有することも重要と著者は考えています。なぜなら、**「あなたのする失敗は他の誰かも必ず繰り返す」**からです！

引 用 文 献

1）脇本理恵：日本電子 2016 EPMA 表面分析 Users Meeting 予稿集，p.3

参 考 文 献

鈴木俊明・遠藤徳明・柴田正照・釜崎清二・市ノ川竹男：表面技術，Vol.53，No.12（2002）pp.839-842

Energy table for EDS analysis（日本電子販促資料: 周期表）

コラム❻

何でも観ておくことの大切さ

SEM は色々な用途に使われています。いちばん多いケースは素材や製品の研究開発、そして製品検査だと思います。製品検査の中でも異物検査は、その実態があまり表には出てきませんが、聞いた話では、信じられないようなものが混入するケースがあって、日々驚きの連続のようです。食品、化粧品や医薬品など、人に触れるもの、人の体に取り込まれるものに関しては、人命に関わる重大事になりかねません。このような地道な作業の現場でも SEM は活躍しています。そこで、このようなお仕事を担当されている方々へのアドバイスとして、時間の許す限り、目に触れるものを片っ端から SEM 観察してデータベース化しておくことをお勧めします。異物発見の際に、以前にみたことがあるものであれば、原因の発見に役立ち、また対策も立てやすいと思いますし、新人のよいトレーニングにもなります。ご参考までに、食材やその周辺の面白そうなものを SEM 観察してみました。コラム7で紹介しますので、是非ご一読ください。

コラム❼

「食卓の主役、脇役、困り者」

本文でも説明した通り、たいていの食品は水分を多く含んでおり、生のままで SEM 観察するのは難しい試料がほとんどです。しかし、以下に紹介する食材やカビに関しては水分が少ないので、コーティングさえすれば通常の SEM で観察することができます。食卓の主役である炭水化物、脇役である調味料、そして困り者の代表であるカビについて、次ページから SEM の拡大像をご紹介します。こんなものを食べているのかと思いながら、箸休めにみていただければと思います。しかし、これらの食材が身体に付着しているかもしれませんし、色々な製品に混入しないとも限りません。ユーザーからのクレームで初めて気付くことも多々あります。そんな異物混入のトラブル対応のためにも、食材に限らず身の回りの細かいものをできる限りみて記録しておけば、貴重なデータベースとなることは間違いありません。

「食卓の主役、脇役、困り者」その1　コメ、パスタ

　図 A 中 a のコメはもちろん炊く前の精米された白米で、胚乳の部分です。これは表面 SEM 像で、日ごろみる白米の形をしています。この断面 SEM 像が b です。デンプン粒子の集まりであることがわかります。c のパスタも茹でる前の乾麺の断面で、d はその部分拡大です。デンプン（小麦粉）粒子が詰まっているのがわかります。

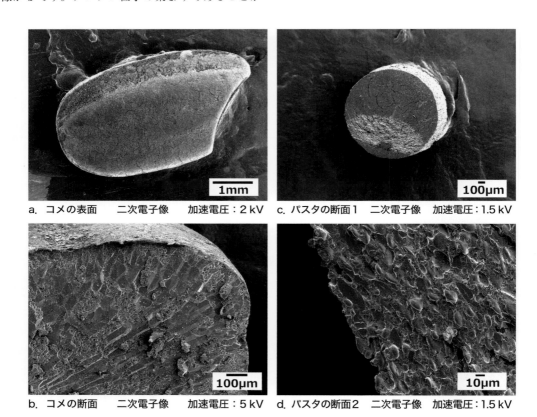

a. コメの表面　　二次電子像　　加速電圧：2 kV

c. パスタの断面1　二次電子像　　加速電圧：1.5 kV

b. コメの断面　　二次電子像　　加速電圧：5 kV

d. パスタの断面2　二次電子像　　加速電圧：1.5 kV

図 A　「食卓の主役、脇役、困り者」その1　コメ、パスタ

「食卓の主役、脇役、困り者」その2　各種デンプン

片栗粉、コーンスターチ、小麦粉、強力粉、薄力粉などなど、みんなデンプンの仲間です。コメやパスタがデンプンからできていることから、脇役というよりは準主役といってもいいかもしれません。同じデンプンとはいっても形がそれぞれ異なります。図Bのaのコーンスターチは角張っているのが特徴です。bの薄力粉はデンプン粒以外にもグルテンと思われる不定形の構造がみられます。cの片栗粉は優しい丸味を帯びた外形をしています。その片栗粉の断面をみたいと思い、樹脂に包埋して断面加工したものがdです。おおむね丸か楕円の断面形状ですが、ハート形がたまに見つかります。このSEM像にもありますので見つけてみてください（この断面像は本文4.8節、図4-46 c, dにも掲載してあります）。

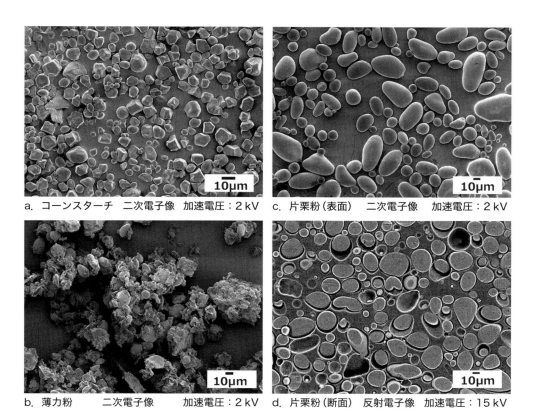

a. コーンスターチ　二次電子像　加速電圧：2 kV

c. 片栗粉（表面）　二次電子像　加速電圧：2 kV

b. 薄力粉　　　　二次電子像　　　加速電圧：2 kV

d. 片栗粉（断面）　反射電子像　加速電圧：15 kV

図B　「食卓の主役、脇役、困り者」その2　各種デンプン

「食卓の主役、脇役、困り者」その 3　炒りゴマ

　生のゴマではなく、炒った白ゴマです。図 C の a, b は表面から観察した SEM 像です。先端のヘタのような部分はへそと呼ばれています。拡大すると外皮の部分は粒子状の構造になっています。一方、c に示すように、断面を観察すると外皮に囲まれた子葉の部分が現れます。これを拡大すると細胞のような細かい構造（d）をみることができます。

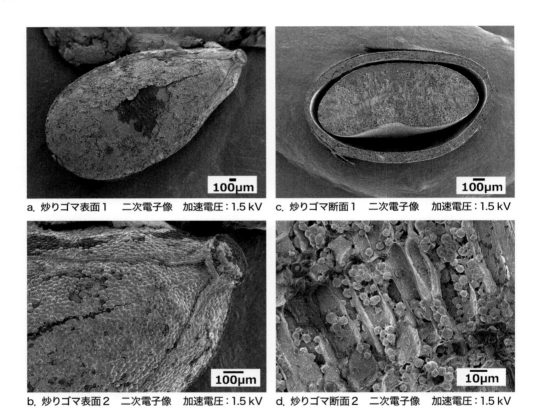

a. 炒りゴマ表面 1　二次電子像　加速電圧：1.5 kV

c. 炒りゴマ断面 1　二次電子像　加速電圧：1.5 kV

b. 炒りゴマ表面 2　二次電子像　加速電圧：1.5 kV

d. 炒りゴマ断面 2　二次電子像　加速電圧：1.5 kV

図 C　「食卓の主役、脇役、困り者」その 3　炒りゴマ

「食卓の主役、脇役、困り者」その4　胡椒、七味唐辛子

味にアクセントを付けるために調味料が使われます。図Dのa,bは胡椒です。これだけみると、本文中に掲載した砂や火山灰（p.109の図4-29（火山灰）、p.114の図4-35d（海砂））と区別がつかないですね。拡大するとbのような棒状の結晶が多数みられます。もしかしたら、これがアクセントの源かもしれません。一方、c,dは七味唐辛子です。白黒のSEM像の世界では胡椒のように砂や火山灰と区別がつきませんが、肉眼でみれば別世界です。要するに目が痛くなるような赤い世界です。dは部分拡大ですが、独特の辛みの源がどこにあるのかはわかりませんでした。

a. 胡椒1　　二次電子像　　加速電圧：2kV

b. 胡椒2　　二次電子像　　加速電圧：1.5kV

c. 七味唐辛子1　二次電子像　　加速電圧：2kV

d. 七味唐辛子2　二次電子像　　加速電圧：2kV

図D　「食卓の主役、脇役、困り者」その4　胡椒、七味唐辛子

「食卓の主役、脇役、困り者」その5　食品に生えるカビ

　最後は困り者たちです。パンの表面が黒ずんでしまい、「カビにやられた」と食べ損なって、がっかりする読者も多いかと思います。図Eのaは、このカビをSEMで観察した例です。bはその拡大像です。綿帽子のような意外とユーモラスな形をしていますが、多数の小さな粒子が胞子です。また、年末年始にミカンを大量に買い込み、食べきれなくて

持て余しているうちに、表面が白くなっていることに気が付きます。これがcに示すミカンのカビです。拡大すると（d）、パンのカビのような綿帽子状ではありません。これらカビの種類は多種多様で、名前を特定するのは非常に難しいようです。Webサイトにたくさんの紹介記事が載っているので、興味のある読者はそちらをご覧ください。

a. パンの上のカビ1　二次電子像　加速電圧：1.5 kV

c. ミカンの上のカビ1　反射電子像　加速電圧：15 kV

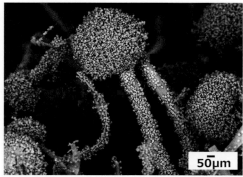

b. パンの上のカビ2　反射電子像　加速電圧：15 kV

d. ミカンの上のカビ2　反射電子像　加速電圧：15 kV

図E　「食卓の主役、脇役、困り者」その5　カビ

お わ り に

　この本を最後まで読んでくださりありがとうございました。

　「電子顕微鏡に関する本を出版したい」と鈴木氏からその理由と熱い想いを伺ってから、そういえば手元にある多くの本は、教科書的な基本原理だけで概要しかないもの、あるいは分厚い専門書でその内容もある分野に限られたもので、その中間の、誰でも実際に手に取って使える実践的なものが少ないことに気が付きました。私が学生や助手だった時代も、基礎は教科書で学び、専門的なことは分厚い専門書から、でしたが、そこには各研究者やメーカーが最先端の技術を誇示するかのような高価な装置が記載されており、常にモヤモヤしていたのを思い出しました。その中間の現場目線の本がほとんどない。

　この本を最後まで読んでいただき、いかがだったでしょうか。良い結果が出せないのは本当に装置や環境のせいでしょうか。皆さんは使用している装置を最大限に生かしているでしょうか。また、知らずして自らつくってしまった過ちで自らを苦しめていませんか？　これらを解決するためのヒントやアイデアがこの本の中にはたくさん詰まっていると自負しています。さて、皆さんはこの本を読んで、何枚の鱗が目から落ちたでしょうか。

　ICT の進歩でデータの取り扱いは飛躍的に改善され、その進捗ぶりは目を見張るものがあります。また、ユーザーインターフェイスも改善され、初心者でも状況によっては必要な SEM 観察が簡単にできるようになりました。しかし、「電子というものを扱い材料の表面を観る」という基本原理は、電子顕微鏡である以上、時代に関係なく不変なものです。この点を忘れずに、微細構造の世界を楽しんでいただけましたらこの上ない幸せです。

　最後に、電子顕微鏡も数ある道具の一つです。この道具を生かすも駄目にするのも使う人次第です。この顕微鏡が皆さまの良きパートナーでいられますよう、切に願います。

本橋　光也

謝　辞

　本書を執筆するにあたり、出版の企画を持ち掛けていただいた株式会社裳華房 企画・編集部の内山亮子さん、小島敏照さんに改めて感謝いたします。橋渡しをしていただいた日本材料科学会事務局の白井理絵さんに感謝いたします。また、内容についてアドバイスをいただいた東京電機大学教授の松田七美男先生に感謝申し上げます。および、貴重なデータ、試料をご提供いただいた同じく東京電機大学教授の六倉信喜先生、篠田宏之先生、森田晋也先生に感謝申し上げます。ありがとうございました。

索　引

著者略歴

鈴木 俊明（すずき としあき）

1957 年　神奈川県生まれ
1981 年　東京電機大学工学部応用理化学科卒業
1981 年　日本電子株式会社入社
1997 年　東京電機大学大学院工学研究科（修士課程）入学
1999 年　同修了
2018 年　日本電子株式会社退社
2019 年　東京電機大学非常勤講師、研究員
日本材料科学会講演事業企画委員会委員長
専門　電子顕微鏡の応用
博士（工学）

本橋 光也（もとはし みつや）

1961 年　埼玉県生まれ
1985 年　東京電機大学工学部応用理化学科卒業
1991 年　東京電機大学工学研究科電気工学専攻博士課程修了
東京電機大学助手、講師、助教授を経て現在、教授
日本材料科学会会長
専門　半導体工学、表面科学、ナノテクノロジー
工学博士

実践 SEM セミナー　―走査電子顕微鏡を使いこなす―

2022 年 11 月 25 日　　第 1 版 1 刷発行

検印省略	著作者	鈴 木 俊 明
		本 橋 光 也
	発 行 者	吉 野 和 浩
定価はカバーに表示してあります.	発 行 所	東京都千代田区四番町 8 - 1
		電話　　03-3262-9166 (代)
		郵便番号　102-0081
		株式会社　裳 華 房
	印 刷 所	株式会社　真 興 社
	製 本 所	株式会社　松 岳 社

一般社団法人
自然科学書協会会員

JCOPY 〈出版者著作権管理機構 委託出版物〉
本書の無断複製は著作権法上での例外を除き禁じられています. 複製される場合は, そのつど事前に, 出版者著作権管理機構（電話 03-5244-5088, FAX 03-5244-5089, e-mail: info@jcopy.or.jp）の許諾を得てください.

ISBN 978-4-7853-3526-7

スタンダード 分析化学

角田欣一・梅村知也・堀田弘樹 共著　B 5 判／298頁／定価 3520円（税込）

基礎分析化学と機器分析法をバランスよく配した教科書.

【主要目次】Ⅰ　分析化学の基礎　1. 分析化学序論　2. 単位と濃度　3. 分析値の取扱いとその信頼性　**Ⅱ　化学平衡と化学分析**　4. 水溶液の化学平衡　5. 酸塩基平衡　6. 酸塩基滴定　7. 錯生成平衡とキレート滴定　8. 酸化還元平衡と酸化還元滴定　9. 沈殿平衡とその応用　10. 分離と濃縮　**Ⅲ　機器分析法**　11. 機器分析概論　12. 光と物質の相互作用　13. 原子スペクトル分析法　14. 分子スペクトル分析法　15. Ｘ線分析法と電子分光法　16. 磁気共鳴分光法　17. 質量分析法　18. 電気化学分析法　19. クロマトグラフィーと電気泳動法

テキストブック 有機スペクトル解析

―1D, 2D NMR・IR・UV・MS―

楠見武徳 著　B 5 判／228頁／定価 3520円（税込）

ていねいな解説と豊富な演習問題で, 最新の有機スペクトル解析を学ぶうえで最適な教科書・参考書.

【主要目次】1. ^{1}H 核磁気共鳴（NMR）スペクトル　2. ^{13}C 核磁気共鳴（NMR）スペクトル　3. 赤外線（IR）スペクトル　4. 紫外・可視（UV-VIS）吸収スペクトル　5. マススペクトル（Mass Spectrum：MS）　6. 総合問題

環境分析化学

中村栄子・酒井忠雄・本水昌二・手嶋紀雄 共著

B 5 判／224頁／定価 3300円（税込）

【主要目次】1. 環境分析のための公定法　2. 化学平衡の原理　3. 機器測定法の原理　4. 水試料採取と保存　5. 酸・塩基反応を利用する環境分析　6. 沈殿反応を利用する環境分析　7. 酸化還元反応を利用する環境分析　8. 錯生成反応を利用する環境分析　9. 分配平衡を利用する環境分析　10. 電気伝導度測定法による水質推定　11. 吸光光度法を用いる環境分析　12. 蛍光光度法による環境分析　13. 原子吸光光度法による環境分析　14. 発光分析法による環境分析　15. 高周波誘導結合プラズマ（ICP）-質量分析法（MS）　16. 高速液体クロマトグラフ法による環境分析　17. イオンクロマトグラフ法（IC）による環境分析

実戦ナノテクノロジー 走査プローブ顕微鏡と局所分光

重川秀実・吉村雅満・坂田　亮・河津　璋 共編

A 5 判／444頁／定価 6600円（税込）

基礎原理をはじめ, 現在も工夫改良され発展し続けている各種手法まで, 最前線で活躍する執筆陣が問題解決へのアイデアを含め解説.

【主要目次】1. はじめに　2. プローブ顕微鏡と局所分光の基礎　3. 電子分光　4. 力学的分光　5. 光学的分光　6. 発展的応用分光　7. 局所分光の実践例

化学サポートシリーズ
原理からとらえる 電気化学

石原顕光・太田健一郎 共著　A 5 判／152頁／定価 2640円（税込）

化学の基礎を学んだ大学生や, 他分野で電気化学の知識を必要とする技術者・研究者のための参考書. 多数のユニークな図とていねいな解説, 深い議論により, 電気化学をその原理からとらえ直し, より深く理解することができる.

【主要目次】1. 電気化学システム　2. 平衡論　3. 速度論　4. 電気化学システムの特性

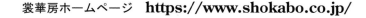